短视频运镜

（微课版）

主　编　叶　喜　步春红　孟　萌
副主编　解二虎　张君双代　程　思
　　　　杨婷婷　冯　薇　胡炎锋

哈尔滨工程大学出版社
Harbin Engineering University Press

内容简介

全书共 10 章，主要包括短视频运镜基础、运镜脚本的撰写、入门级运镜的 9 种拍法、基础运镜的 9 种实用拍法、进阶运镜的 15 种组合镜头、提升运镜的 8 种常用镜头、高手运镜的 8 种特殊镜头、短视频的基础剪辑操作、短视频的高级剪辑处理、综合实战——《漫步湘江》的相关内容。

本书结构清晰、语言简洁，既可作为应用型本科院校、职业院校学生的教材，也适合拥有一定经验想要提升运镜水平的用户阅读。

图书在版编目（CIP）数据

短视频运镜 ：微课版 / 叶喜，步春红，孟萌主编. —哈尔滨 ：哈尔滨工程大学出版社，2023.5

ISBN 978-7-5661-3912-2

I. ①短… II. ①叶… ②步… ③孟… III. ①视频制作 IV. ①TN948.4

中国国家版本馆 CIP 数据核字（2023）第 068309 号

短视频运镜（微课版）
DUANSHIPIN YUNJING（WEIKE BAN）

责任编辑　刘凯元
封面设计　赵俊红

出版发行　哈尔滨工程大学出版社
社　　址　哈尔滨市南岗区南通大街145号
邮政编码　150001
发行电话　0451-82519328
传　　真　0451-82519699
经　　销　新华书店
印　　刷　唐山唐文印刷有限公司
开　　本　787 mm×1 092 mm　1/16
印　　张　13.5
字　　数　345千字
版　　次　2023年5月第1版
印　　次　2023年5月第1次印刷
定　　价　68.00元
http://www.hrbeupress.com
E-mail:heupress@hrbeu.edu.cn

前　言

短视频作为互联网高速发展的产物之一，风靡全球各地，几乎人人深受其影响，作为短视频的观众或者创作者沉浸其中。各大短视频平台以“人人都可以通过拍短视频来记录美好生活”为标语吸引更多人成为短视频的创作者。拍摄短视频的门槛并不高，然而创作者若是想要拍摄的视频画面更加精美，或是想让短视频在各个平台上获得更多的关注，则需要掌握一定的运镜技巧。

党的二十大报告提出，“建设现代化产业体系，坚持把发展经济的着力点放在实体经济上，推进新型工业化，加快建设制造强国、质量强国、航天强国、交通强国、网络强国、数字中国”。

为满足读者学习运镜的需求，本书集中整理了运镜的相关知识和技巧。全书共 10 章，分别为短视频运镜基础、运镜脚本的撰写、入门级运镜的 9 种拍法、基础运镜的 9 种实用拍法、进阶运镜的 15 种组合镜头、提升运镜的 8 种常用镜头、高手运镜的 8 种特殊镜头、短视频的基础剪辑操作、短视频的高级剪辑处理、综合实战——《漫步湘江》。本书循序渐进地详细讲解了运镜拍摄的技巧，以拍摄拆解和视频教程的方式力求让运镜新手也能迅速掌握运镜技能。

本书的结构安排如下：

（1）第 1～2 章介绍了运镜拍摄之前需要了解的镜头知识、选择设备的技巧和策划镜头脚本的方法；

（2）第 3～7 章将运镜分为入门、基础、进阶、提升、高手等级别依次介绍运镜拍摄的方法和技巧，以详细的步骤拆解和视频教学的方式，帮助大家掌握运镜；

（3）第 8～9 章主要介绍了使用剪映 App 来对拍摄出来的短视频进行后期剪辑的方法，如基础的删除、替换视频，为视频添加音乐、动画、特效等；

（4）第 10 章以《漫步湘江》视频为例，将所学的运镜拍摄方法和后期剪辑视频的方法综合在一起，帮助大家建立全局思维，并巩固所学的知识。

书中的每个章节还配有课后习题，帮助大家学习之后及时巩固。运镜是一项拍摄视频的技能，讲究学以致用和孰能生巧，相信大家在认真学习书中的内容并勤加练习之后，能够顺利掌握运镜技能。

本书由叶喜（东莞市电子科技学校）、步春红（山东省城市服务技师学院）和孟萌（河北省机电工程技师学院）担任主编，由解二虎（集宁师范学院）、张君双代（长沙商贸旅游职业技术学院）、程思（长沙商贸旅游职业技术学院）、杨婷婷（宣化科技职业学院）、冯薇（中山市沙溪理工学校）、胡炎锋（中山市沙溪理工学校）担任副主编。本书的相关资料和售后服务可扫描封底微信二维码或登录网址 www.bjzzwh.com 下载获得。

特别提示：本书在编写时，是基于当前各软件所截的实际操作图片，但书从编辑到出版需要一段时间，在这段时间里，软件界面与功能会有调整与变化，比如部分内容删除或者部分内容增加了，这是软件开发商所进行的软件更新，请在阅读时，根据书中的思路，举一反三，进行学习。

由于编者水平有限，书中难免存在疏漏和不当之处，敬请各位专家及读者不吝赐教。

编　者

目　录

第 1 章　短视频运镜基础

第 2 章　运镜脚本的撰写

第 3 章　入门级运镜的 9 种拍法

第 4 章 基础运镜的 9 种实用拍法

第 5 章 进阶运镜的 15 种组合镜头

第 6 章 提升运镜的 8 种常用镜头

第 7 章　高手运镜的 8 种特殊镜头

第 8 章　短视频的基础剪辑操作

第 9 章　短视频的高级剪辑处理

第 10 章　综合实战——《漫步湘江》

第 1 章 短视频运镜基础

1

对于短视频运镜，要能做到“知其然，知其所以然”，才能够在拍摄当中得心应手。因此，在拍摄前期，有必要了解运镜的相关基础知识，包括镜头景别、拍摄角度、取景与构图、选择设备与持机方式等，本章将具体介绍这些内容。

本章重点

- 认识镜头景别和角度
- 学会运镜取景与构图
- 选择拍摄运镜的设备

1.1　镜头景别与角度

镜头景别和角度是拍摄视频必须掌握的知识。同一个场景采取不同的镜头景别或拍摄角度来拍摄，会产生别具一格的视频效果，因此拍摄者往往会选择最佳景别或角度，力求拍摄出最优质的视频画面。而在这之前，需要拍摄者掌握好镜头景别和角度的理论知识，并学以致用。

1.1.1　五大镜头景别

在学习镜头景别之前，需要先了解一些视频拍摄中常用的运动镜头，如图 1-1 所示。运动镜头即运镜，常用于表现拍摄者的创作意图。如摇镜头，让观众产生旁观者的视角；跟镜头，让观众身临其境等。

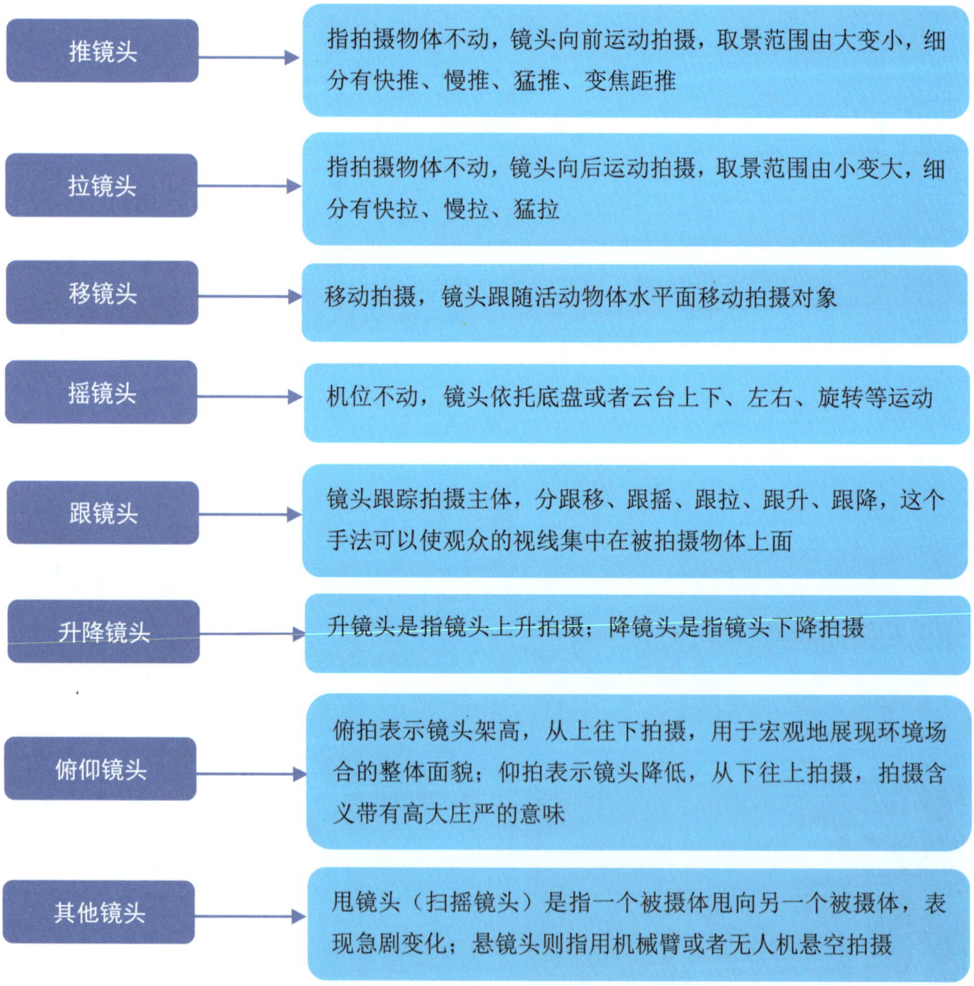

图 1-1　视频拍摄中常用的运动镜头

景别是指在焦距一定时，镜头与被拍摄者的距离不同，而造成被拍摄者在镜头中所呈现出的范围大小有所区别。景别的划分，一般可分为五种类型。

1．远景镜头

远景镜头的景别视角非常大，适合拍摄城市、山区、河流、沙漠或者大海等户外类短视频题材。远景镜头可以分为大远景镜头和全远景镜头两类，其区别除了拍摄的距离不同外，大远景镜头对于主体的表达也是不够的，主要用于交代环境；而全远景镜头则在交代环境的同时，也兼顾了主体的展现，如图 1-2 所示。

图 1-2　大远景镜头和全远景镜头

2．全景镜头

全景镜头的拍摄距离比较近，能够将人物的整个身体完全拍摄出来，包括性别、服装、表情、手部和脚部的肢体动作，如图 1-3 所示。

图 1-3　全景镜头

3．中景镜头

中景镜头可以更好地突出人物主体的形象，以及清晰地刻画人物的服饰造型等细节特点，如图 1-4 所示。

图 1-4　中景镜头

4．近景镜头

近景镜头景别主要是将镜头下方的取景边界线卡在人物的胸部位置上，重点用来刻画人物的面部特征，如表情、妆容、发型、视线和嘴部动作等，而对于人物的肢体动作和所处环境的交代则基本可以忽略，如图 1-5 所示。

图 1-5　近景镜头

5．特写镜头

特写镜头景别着重刻画人物某个部位的细节画面，包括手、脸部下巴、眼睛、头发、嘴巴和鼻子等细节之处，或是植物的细节，如图 1-6 所示。

图 1-6　特写镜头

▶ 专家指点

近景镜头和特写镜头细分一下，还有中近景镜头和大特写镜头。中近景镜头景别从人物腰部左右的位置分界；大特写镜头则是对具体的五官进行集中拍摄。

1.1.2　8 种镜头角度

拍摄角度是指拍摄者从不同的高度、方向和与拍摄者保持不同的距离来进行拍摄。根据镜头拍摄角度的不同，可以得到 8 种基本的镜头，能够帮助拍摄者拍出更为丰富的画面。

1．正面镜头

正面镜头使人物形象变得端正稳重，但一般容易显得枯燥，所以拍摄时，可以让被拍摄者把脸或者眼睛从正对着镜头的角度移开，如图 1-7 所示。

图 1-7　正面镜头

2．斜角镜头

斜角镜头是指镜头倾斜到一定的角度拍摄主体，让画面更加有趣，如图 1-8 所示。

图 1-8　斜角镜头

3．侧面镜头

侧面镜头能清楚地呈现人物的脸部轮廓，使人物更加立体好看，如图 1-9 所示。

图 1-9　侧面镜头

4．过肩镜头

过肩镜头可以让观众看到被拍摄者所看到的景象，这是一种既主观又客观的拍摄方式，如图 1-10 所示。

> **▶ 专家指点**
>
> 从镜头主体视角上看，镜头分为客观镜头和主观镜头。客观镜头让观众产生旁观者的视角，如观察人物和欣赏风景；主观镜头则可以让观众代入现场感。

图 1-10　过肩镜头

5．背面镜头

背面镜头可以完全隐藏人脸，也隐藏被拍摄者真实的想法和感受的镜头，如图 1-11 所示。

图 1-11　背面镜头

6．仰拍镜头

仰拍镜头是指镜头低于被拍摄者，可以把被拍摄者显得高大起来，可以造成明显的视觉差异，因而形成夸张的冲击力。

7．俯拍镜头

俯拍镜头是指镜头高于被拍摄者，会使被拍摄者显得娇小一些。微微的俯拍，还可以让被拍摄者的脸型更好看。

8．平拍镜头

平拍镜头是指镜头与被拍摄者处于同一水平线上，接近观众的视觉习惯，画面也显得更加稳定。

1.2　运镜取景与构图

镜头取景主要是运用手机中的录像功能，对所要拍摄的画面进行对焦、变焦和规划构图，从而拍摄出最优质的视频画面。本节将具体介绍镜头取景的相关内容，为读者学习拍摄运镜的理论知识提供参考。

1.2.1　使用对焦与变焦

对焦是指通过手机内部的对焦机构来调整物距和相距的位置，从而使拍摄对象清晰成像的过程。在拍摄短视频时，对焦是一项非常重要的操作，是影响画面清晰度的关键因素。尤其是在拍摄运动状态的主体时，对焦不准画面就会模糊。

要想实现精准的对焦，首先要确保手机镜头的洁净。手机不同于相机，镜头通常都是裸露在外面的，因此一旦沾染灰尘或污垢等杂物，就会对视野造成遮挡，同时还会使进光量降低，从而导致无法精准对焦，拍摄的视频画面也会变得模糊不清。

其次，手机通常都是自动进行对焦的。我们在拍摄视频时也可以通过点击屏幕的方式来进行手动对焦，自由选择对焦点的位置。

变焦是指在拍摄视频时将画面拉近或者拉远，从而拍到更多或者更远的景物。广角变焦就可以让画面容纳更多的景物。另外，通过变焦功能拉近画面，还可以减少画面的透视畸变，获得更强的空间压缩感，但变焦容易影响画面的清晰度，这是其弊端所在。图 1-12 为调节变焦拍摄的视频画面。

图 1-12　调节变焦拍摄的视频画面

除了拖曳和选择变焦参数之外，还可以通过双指缩放屏幕，来进行变焦调整。部分手机甚至还可以通过上下音量键来控制焦距。

1.2.2　构图的多种方式

构图是指通过安排各种物体和元素，来实现一个主次关系分明的画面效果。我们在拍摄短视频场景时，可以通过适当的构图方式，将自己的主题思想和创作意图形象化和可视化地展现出来，从而创造出更出色的视频画面效果。

1．中心构图

中心构图又称为中央构图，简而言之，是将视频主体置于画面正中间进行取景。中心构图最大优点在于主体非常突出、明确，而且画面可以达到上下左右平衡的效果，更容易抓人眼球。

拍出中心构图效果的相关技巧如下。

（1）选择简洁的背景。使用中心构图时，尽量选择背景简洁的场景，或者主体与背景的反差比较大的场景，这样能够更好地突出主体。

（2）制造趣味中心点。中心构图的主要缺点在于效果比较呆板，因此拍摄时可以运用光影角度、虚实对比、人物肢体动作、线条韵律以及黑白处理等方法来制造一个趣味中心点，让视频画面更加吸引眼球，如图 1-13 所示。

图 1-13　中心构图拍摄的视频画面

2．三分线构图

三分线构图是指将画面从横向或纵向分为 3 个部分，在拍摄视频时，将对象或焦点放在三分线的某一位置上进行构图取景，让对象更加突出、画面更加美观。

三分线构图的拍摄方法十分简单，只需要将视频拍摄主体放置在拍摄画面的横向或者纵向三分之一处即可，如图 1-14 所示。

图 1-14　三分线构图拍摄的视频画面

采用三分线构图拍摄短视频最大的优点是将主体放在偏离画面中心的三分之一位置处，使视频画面不至于太枯燥或呆板，还能突出视频的拍摄主题，使画面紧凑有力。

3．斜线构图

斜线构图主要利用画面中的斜线引导观众的目光，同时能够展现物体的运动、变化以及透视规律，可以让视频画面更有活力感和节奏感。

斜线的纵向延伸可加强画面深远的透视效果，而斜线的不稳定性则可以使画面富有新意，给观众带来独特的视觉效果。

在拍摄短视频时，一般来说利用斜线构图拍摄视频主要有以下两种方法。

（1）利用视频拍摄主体本身具有的线条构成斜线。图 1-15 为从侧面取景拍摄大桥的短视频，大桥在画面中形成了一条斜线，让整个视频画面更有活力。

图 1-15　侧面取景拍摄大桥的短视频

（2）利用周围环境或道具，使视频拍摄主体构成斜线。图 1-16 所示画面中的主体是人物，但单独拍摄人物未免太过单调，于是拍摄者就利用台阶来构成斜线，视频画面更丰富。

图 1-16　利用台阶使视频拍摄主体构成斜线

4. 对称构图

对称构图是指画面中心有一条线把画面分为对称的两部分，可以是画面上下对称，也可以是画面左右对称，或者是画面的斜向对称，这种对称画面会给人一种平衡、稳定、和谐的视觉感受，如图 1-17 所示。

图 1-17　对称构图拍摄的视频画面

5. 引导线构图

引导线可以是直线（水平线或垂直线），也可以是斜线、对角线或者曲线，通过这些线条来“引导”观众的目光注意力，使他们产生兴趣。

图 1-18 为引导线构图的主要作用。

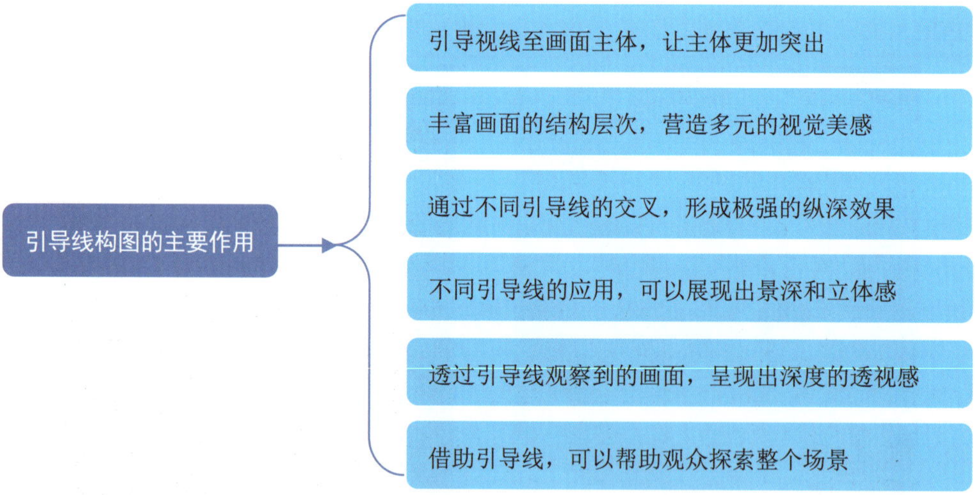

图 1-18　引导线构图的主要作用

生活场景中的引导线有道路、建筑物、桥梁、山脉、强烈的光影以及地平线等。在很多短视频的拍摄场景中，都会包含各种形式的线条，我们在拍摄视频时要善于找到这些线条，使用它们来增强视频画面冲击力。

例如，曲线构图主要利用画面中的道路来引导观众的目光，能够展现物体的状态，突出视频想要表现的主体。图 1-19 为利用弯曲的道路来进行构图取景，以道路为引导线，吸引观众的视角到画面中的亭子处。亭子位于画面中心，成为沿着道路望去的视觉焦点，给人眼前一亮的感觉。

图 1-19　利用弯曲的道路来进行构图取景

6. 几何形态构图

几何形构态图主要是利用画面中的各种元素组合成一些几何形状，如矩形、三角形、方形和圆形等，让作品更具形式美感。

（1）矩形在生活中比较常见，如建筑外形、墙面、门框、窗框、画框和桌面等。矩形是一种非常简单的画框分割形态，用矩形构图能够让画面呈现出静止、不屈和正式的视觉效果，如图 1-20 所示。

图 1-20　矩形构图拍摄的视频画面

（2）圆形构图主要是利用拍摄环境中的正圆形、椭圆形或不规则圆形等物体来取景，可以给观众带来旋转、运动、团结一致和收缩的视觉美感，同时还能够产生强烈的向心力。图 1-21

为采用圆形窗口进行构图，非常适合拍摄这种恬静、舒缓的短视频作品，这种构图能够让画面看上去更加优美、柔和，还可以起到引导观众视线的作用。

图 1-21　圆形构图拍摄的视频画面

（3）三角形构图主要是指画面中有 3 个视觉中心，或者用 3 个点来安排景物构成一个三角形，这样拍摄的画面极具稳定性。三角形构图包括正三角形（坚强、踏实）、斜三角形（安定、均衡、灵活性）和倒三角形（明快、紧张感、有张力）等不同形式。

7. 前景构图

前景，最简单的解释就是位于视频拍摄主体与镜头之间的事物。

> **▶ 专家指点**
>
> 前景构图是指利用恰当的前景元素来构图取景，可以使视频画面具有更强烈的纵深感和层次感，同时也能极大地丰富视频画面的内容，使视频更加鲜活饱满。因此，我们在拍摄时，可以将身边能够充当前景的事物拍摄到视频画面当中来。

前景构图有两种操作思路，一种是将前景作为陪体，将主体放在近景或背景位置上，用前景来引导视线，使观众的视线聚焦到主体上。图 1-22 为以树为前景，突出主体人物的视频画面。

图 1-22　以树为前景，突出主体人物的视频画面

另一种则是直接将前景作为主体，也就是虚幻背景，突出前景。图 1-23 为使用前景构图拍摄的视频画面，主要突出拍摄的主体——花，让背景虚化了，从而增强了画面的景深感，还提升了视频的整体质感。

图 1-23　使用前景构图拍摄的视频画面

在运镜时，可以作为前景的元素有很多，如花草树木、水中的倒影、道路、栏杆以及各种装饰道具等。不同的前景有不同的作用，如突出主体、引导视线、增添气氛、交代环境、形成虚实对比、形成框架、丰富画面等。

1.3　选择拍摄运镜的设备

在进行运镜拍摄时，最主要的设备就是手机，由于目前手机的镜头处理越来越成熟了，甚至有些还能媲美一些相机，所以用手机进行运镜拍摄也是最方便的。当然，除了手机，还需要一些额外的设备来辅助拍摄。

1.3.1 选择拍摄设备

在运镜拍摄中，智能手机是最主要的拍摄设备，手机三脚架、手机稳定器则是使视频画面更加稳定的辅助设备，关于设备的选择简要介绍如下。

1. 主要设备

智能手机的摄影技术在过去几年里得到了长足进步，手机摄影也变得越来越流行，其主要原因在于手机摄影功能越来越强大、手机价格比单反更具竞争力、移动互联时代分享上传视频更便捷等，而且手机可以随身携带，满足随时随地的拍视频需求，让更多的人进入这个“全民拍短视频时代”中。因此，智能手机成为拍摄短视频的主要工具。

例如，华为 Mate 50 Pro 手机，其后置 5000 万像素超光变摄像头＋1300 万像素超广角摄像头＋6400 万像素潜望式长焦摄像头；前置 1300 万像素超广角摄像头，如图 1-24 所示。

图 1-24　华为 Mate 50 Pro 智能手机

并且，华为 Mate 50 Pro 手机的后置摄像头采用了长焦、广角、超广角、激光对焦这 4 类摄影师最常用的镜头，再加上了闪光灯和超级微距功能，为拍摄者带来了不可多得的拍摄体验，可以拍出栩栩如生的画面。

使用智能手机拍摄出高清的视频画面，可以充分地利用好智能手机的相关功能，详细介绍如下。

（1）设置智能手机的分辨率。在拍摄短视频之前，我们需要选择正确的视频分辨率和视频帧率，通常建议将分辨率设置为 1 080 P（FHD）、18∶9（FHD＋）或者 4 K（UHD）。

- 1 080 P 又可以称为 FHD（Full High Definition，FULL HD，即全高清模式），一般能达到 1 920 × 1 080 的分辨率。
- 18∶9（FHD＋）是一种略高于 2 K 的分辨率，也就是加强版的 1 080 P。
- UHD（Ultra High Definition）是一种超高清模式，即通常所指的 4 K，其分辨率高于 FHD 模式 4 倍。

设置手机视频分辨率的方法，以华为 DVC-AN20 手机型号为例，打开相机，点击右上角的设置按钮，然后在“视频”选项中选择“视频分辨率”，进入相应界面后选择[16∶9]4 K 选项。

（2）下载手机 App 进行拍摄。如果想要手机里的相机性能最大化地使用，可以使用第三方 App 进行拍摄。例如，使用 Protake 和 Filmic Pro 等拍摄 App，可以利用手机强大的算法，实现高码流拍摄。图 1-25 为使用 Protake App 拍摄的视频画面，其中还可以选择相应的滤镜，进行风格化拍摄。

图 1-25　使用 Protake App 拍摄的视频画面

2．辅助设备

辅助设备主要是手机三脚架和稳定器。三角形是公认的最稳固的图形，因此三脚架的稳定性可见一斑。而手机三脚架，就是用于固定手机的设备。

手机三脚架的最大优势就是稳定性，在拍摄延时视频、流水、流云等运动性的事物时，它能很好地保持拍摄器材的稳定，从而拍出优质的视频效果。一般而言，使用手机三脚架有以下三种情形。

（1）当使用手机拍摄视频时，应当使用三脚架进行支撑，消除手抖。

（2）拍摄夜景、光绘、星星等延时视频时，需要较长的时间，手持拍摄的效果是不太理想的，因此借助三脚架进行辅助拍摄，可以使画面更加平稳。

（3）录制视频时，如果手持画面一般都会晃动或不平，而手机三脚架能使画面稳定。

在用手机进行运镜拍摄时，运用手机稳定器做支撑，可以起到一定的防抖作用，让拍摄出来的画面更加稳定。本书采用的手机稳定器是大疆 OM 4 SE，如图 1-26 所示。在手机软件商店里下载好 DJI Mimo App，把稳定器与手机装载好，并连接上蓝牙，就可以使用了。

图 1-26　大疆 OM 4 SE 手机稳定器

除了大疆 OM 4 SE，市场上热销的手机稳定器还有魔爪 Mini-S、智云 Smooth Q2、iSteady V2 等。无论是哪个品牌或者型号的稳定器，最主要的关注点还是防抖、功能齐全和轻便，至于其他的要求或者额外卖点，使用者可以根据自己的经济承受能力进行理性消费。

不过，当你购买了手机稳定器之后，一定要多拍，不能让其闲置。所以对于运镜新手，建议购买性价比较高的稳定器；而对于器械党，或者从事专业运镜的人员，可以稍微提升经济预算进行购买。

1.3.2 手机稳定器

以大疆 OM 4 SE 型号的手机稳定器为例，打开 DJI Mimo App，在“视频”拍摄模式下点击左下角的按钮，❶点击左侧的按钮；❷在“云台”界面中显示了 4 种模式，分别是云台跟随、俯仰锁定、FPV（First Person View，第一人称主视角）和旋转拍摄模式，如图 1-27 所示。

图 1-27 “云台”界面中的稳定器模式

其他品牌的手机稳定器模式也是差不多的，基本上常用的模式就这几种，手持手机稳定器四种模式下的实际操作情景如图 1-28 所示。

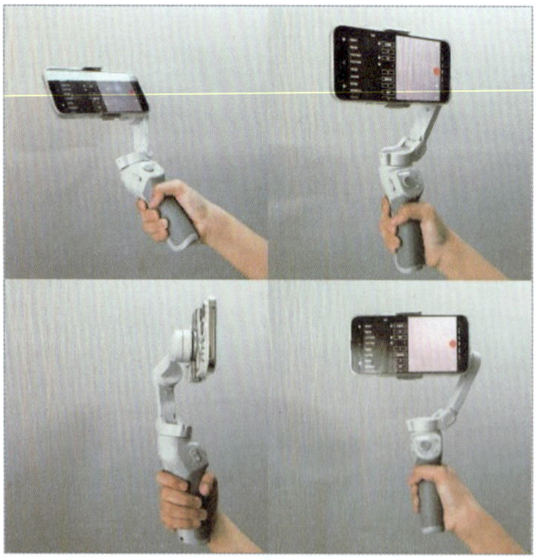

❶云台跟随模式（上下左右移动）

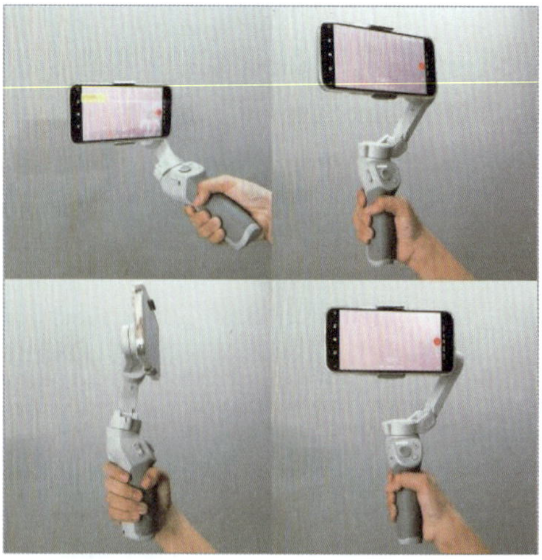

❷俯仰锁定模式（上下无法移动，左右可以移动）

❸FPV 模式（上下左右倾斜）

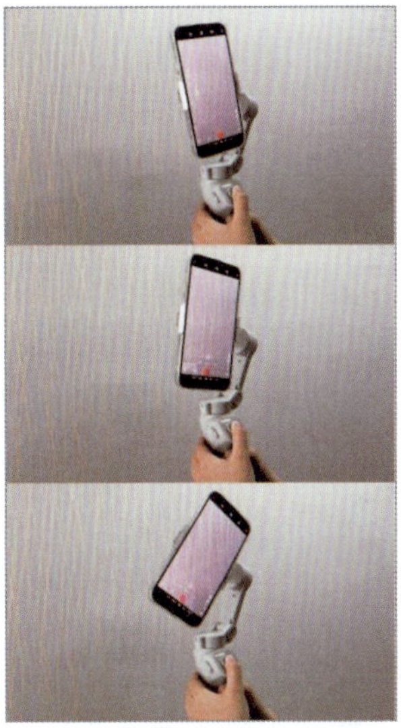

❹旋转拍摄模式（长按摇杆方向键进行旋转拍摄）

图 1-28 手持手机稳定器四种模式下的实际操作情景

（1）云台跟随模式：为相机提供了三个方向的增稳效果，当手柄移动时，云台会跟随手柄的移动方向一起运动，运动速度也会变柔和，这是为了保证拍摄画面的平滑和流畅，并且可以上下左右四个方向移动。

（2）俯仰锁定模式：由于该模式下锁定了俯拍或者仰拍，所以只能左右移动拍摄，不能上下移动拍摄。

（3）FPV 模式：又称第一人称视角，它与跟随模式的不同在于，云台在三轴方向上，只提供轻微的增稳效果，常用于拍摄倾斜镜头和甩镜。

（4）旋转拍摄模式：可以通过左右控制摇杆方向键进行旋转拍摄，比如“盗梦空间”镜头，就是需要用到旋转拍摄模式。

本 章 小 结

本章主要介绍了运镜前期需要掌握的一些理论知识，包括五大镜头景别、八种镜头角度、手机对焦与变焦的应用、七种常用的构图方式以及拍摄设备的选择和使用技巧。希望通过对本章的学习，读者能够对运镜的基础知识有所了解，以更好地进行运镜拍摄实战。

课 后 习 题

鉴于本章知识的重要性，为了帮助读者更好地掌握所学知识，本节将通过课后习题，帮助读者进行简单的知识回顾和补充。

请分析下面四个视频画面分别属于什么景别？视频画面如图 1-29 所示。

❶

❷

❸

❹

图 1-29　4 个不同景别的视频画面

第 2 章 运镜脚本的撰写

对于短视频来说，脚本的作用与电影中的剧本类似，不仅可以用来确定故事的发展方向，还可以提高短视频拍摄的效率和质量，同时还可以指导短视频的后期剪辑。本章主要介绍短视频运镜脚本的重要性和撰写方法。

本章重点

- 了解运镜脚本的基本知识
- 掌握运镜脚本的写法
- 学习撰写优质的脚本

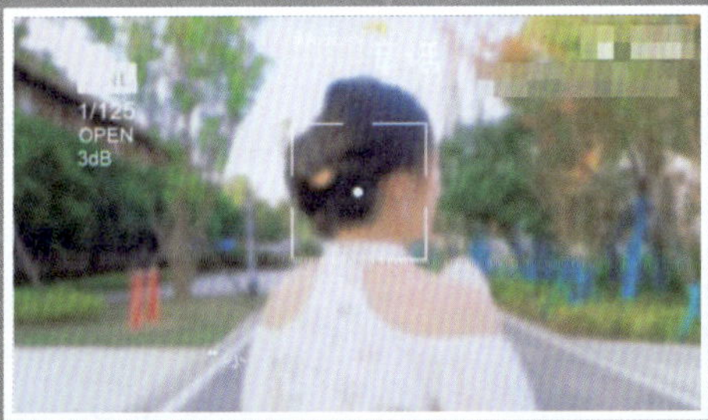

2.1 运镜脚本的基本知识

运镜脚本是短视频运镜拍摄的主要依据，是短视频运镜的核心所在。脚本之于短视频运镜拍摄，如同设计草图之于房屋建筑，都起着至关重要的统领作用。因此，拍摄者学习运镜拍摄势必要学习脚本的相关内容。本节将带领读者认识运镜脚本，并了解运镜脚本的构成和作用。

2.1.1 运镜脚本的定义

运镜脚本是拍摄者拍摄短视频的主要依据，能够提前统筹安排好短视频拍摄过程中的所有事项，如什么时候拍、用什么设备拍、拍什么背景、拍谁以及怎么拍等。

通常情况下，运镜脚本分为分镜头脚本、拍摄提纲和文学脚本三种类型，如图 2-1 所示。

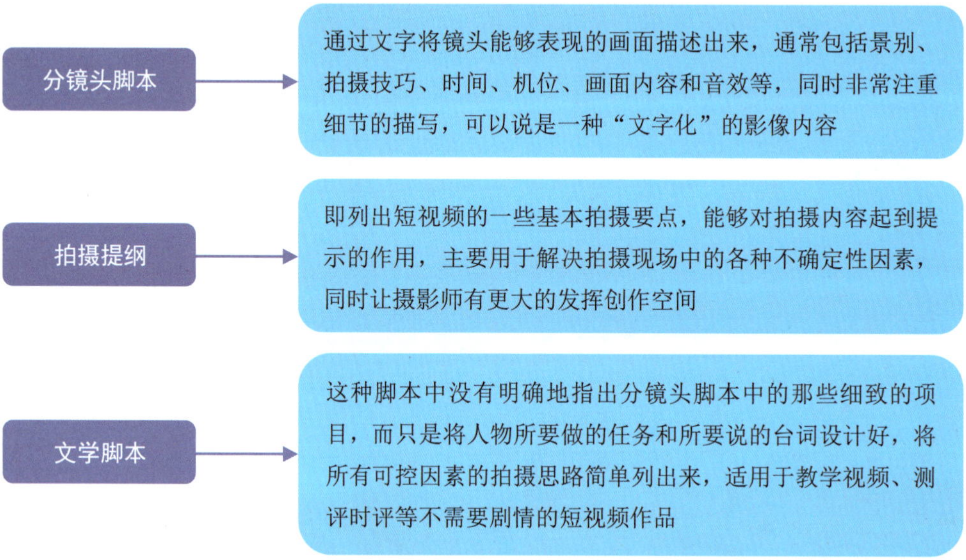

图 2-1 运镜脚本的类型

总结一下，分镜头脚本适用于剧情类的短视频内容，拍摄提纲适用于访谈类或资讯类的短视频内容，文学脚本则适用于没有剧情的短视频内容。

2.1.2 运镜脚本的构成

在短视频运镜的脚本中，拍摄者需要认真设计好每一个镜头。下面主要从六个基本要素来介绍运镜脚本的构成，为读者策划运镜脚本奠定理论基础，如图 2-2 所示。

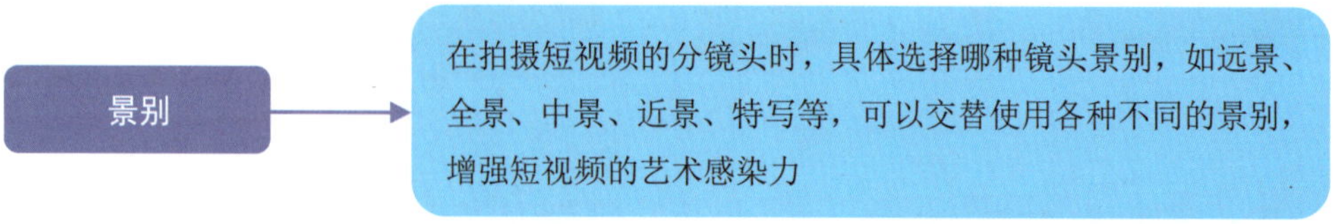

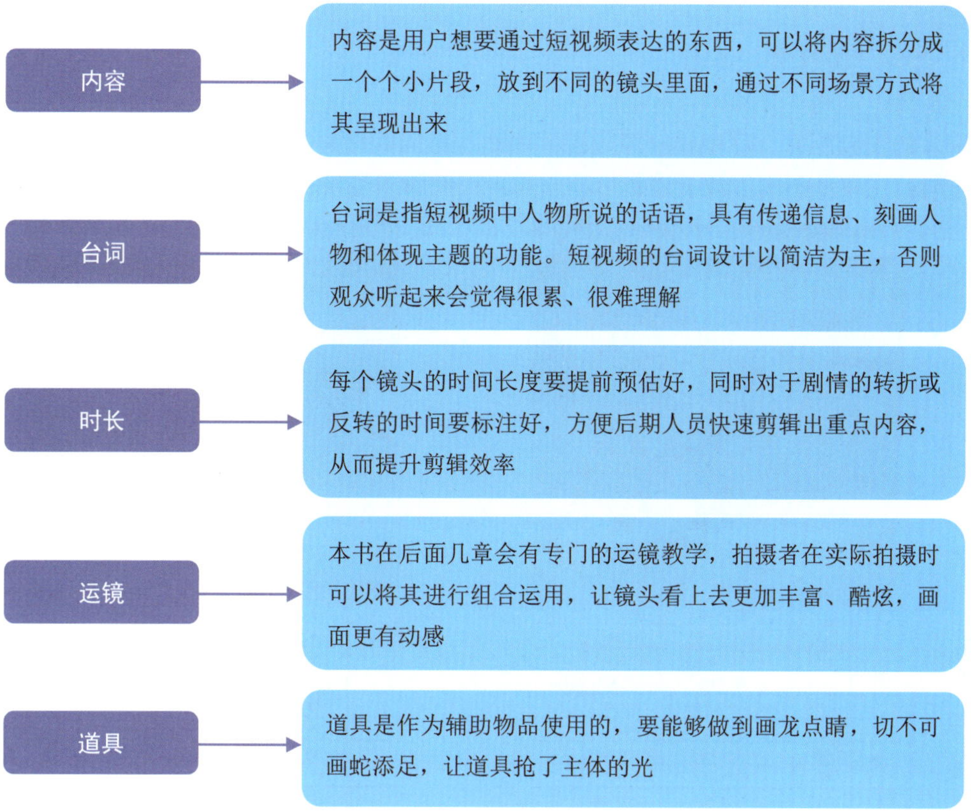

图 2-2　运镜脚本的构成

2.1.3　运镜脚本的作用

脚本对于短视频拍摄来说十分重要，无论拍摄视频的长短如何，都需要脚本。具体而言，脚本在短视频运镜的拍摄中发挥了以下几方面作用。

1．确定拍摄方向

脚本为视频拍摄提供了一个框架和云图，影响着故事的发展方向。当剧本确定好情节、人物、地点、道具和结局之后，故事就能有条理地展开，无论是拍摄还是剪辑，都能不“迷路”，确保故事的完整性。

2．提高拍摄效率

有了运镜脚本，就等于写文章有了目录大纲，相关人员可以根据这个脚本来一步步地完成镜头的拍摄，拍摄效率更高。如果没有拍摄脚本，也许拍摄者在拍摄现场会迷失很久，要探索一段时间，拍摄出来的素材也有可能不是理想的素材，甚至会缺失素材，后面又需要再次到现场补录，这样就非常浪费人力、时间甚至金钱。

3．提升拍摄质量

在运镜脚本中可以对画面进行精雕细琢的打磨，如景别的选取、场景的布置、服装的准备、台词的设计以及人物表情的刻画等，同时加上后期剪辑的配合，能够呈现出更完美的视频画面效果。

4．指导后期剪辑

在剪辑时也离不开脚本，运镜脚本可以指导剪辑的剧情安排。图 2-3 为一个故事感视频分镜头脚本的视频画面。可以看出每段视频画面都对应着相应的脚本内容，说明剪辑师在剪辑这段视频时，主要依据脚本故事进行后期创作，因此脚本也发挥着指导后期剪辑的作用。

图 2-3　故事感视频分镜头脚本的视频画面

2.2　运镜脚本的写法

在对运镜脚本有了大致的认识之后，需要掌握运镜脚本的写法。本节将分别介绍分镜头脚本、拍摄提纲和文学脚本的撰写方法，为读者提供学习参考。

2.2.1　分镜头脚本的写法

分镜头的每一个画面都要求是非常细致的，但在编写分镜头脚本时，需要遵循化繁为简的形式规则，同时需要确保内容的丰富度和完整性。图 2-4 为分镜头脚本的基本编写流程，可帮助读者顺畅地写出脚本。

搭建框架 → 即拟出短视频的基本大纲，将拍摄主题、故事线索、人物关系、场景选址等在草稿上简单列出来

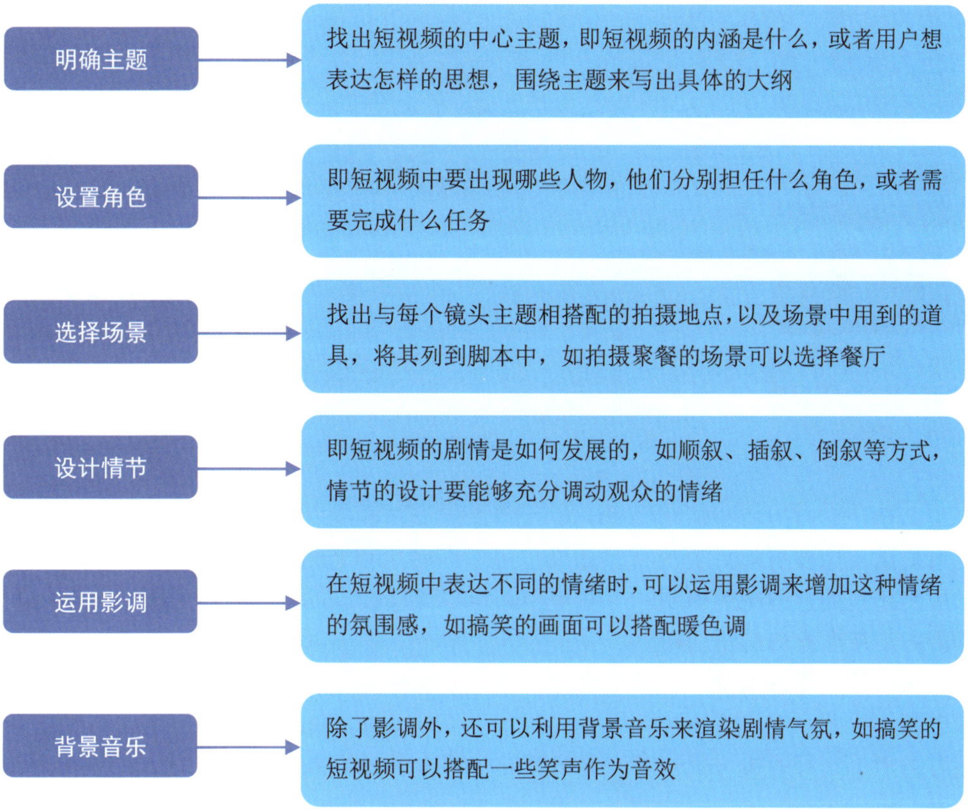

图 2-4　分镜头脚本的基本编写流程

以生活记录类短视频的脚本为例，与朋友一起去看漫画展的视频脚本模板如表 2-1 所示。读者可以仿照这类脚本，尝试以自己的生活片段为素材来撰写。

表 2-1　生活记录类短视频脚本模板

镜号	景别	运镜	画面	设备	备注
1	近景	固定镜头	拍摄人物梳妆打扮的画面	三脚架	
2	近景	摇摄镜头	拍摄人物刷卡进入地铁的画面	手持稳定器	
3	中景	跟随运镜	拍摄人物从地铁口出来前往漫画展地点的画面	手持拍摄	
4	全景	横移镜头	拍摄漫画展所在地的大致环境	手持稳定器	慢镜头
5	近景	固定镜头	人物与好友碰面，脸上露出开心的表情	三脚架	
6	中景	跟随镜头	拍摄人物与好友一同看展的画面	手持稳定器	
7	特写	固定镜头	选取个别漫画和人物的表情进行拍摄	三脚架	慢镜头
8	中景	固定镜头	拍摄两人在漫画展场所中的合照	三脚架	欢快的背景音乐

2.2.2　拍摄提纲的写法

拍摄提纲与分镜头脚本有很大的区别，分镜头脚本中的镜头描述都是非常详尽和细致的，但是拍摄提纲则是主要写概要，也就是大致内容，一般用关键字词进行描述即可，比如描述场景编号、内容、发生时间、地点以及主要人物等内容。图 2-5 为拍摄提纲的撰写要素。

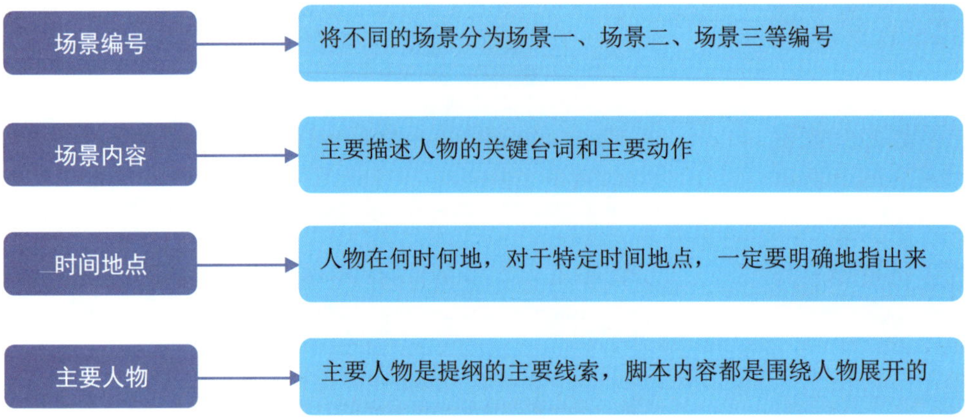

图 2-5　拍摄提纲的撰写要素

如果拍摄者想要更加完美的视频效果，可以在音乐和音效上进行发挥，为视频选择合适的乐曲，从而起到锦上添花的作用。下面是摄影指导课程视频的拍摄提纲模板。

场景一：男生开场引出问题

男生从画外走进画面里，问摄影老师：我想在大海边上为我女朋友拍出很唯美的照片，但是我不会拍。

摄影老师听完对着镜头说：不会拍的男孩子、女孩子都来认真听了。

场景二：人物站立拍照教程

一个女生站在海边，摄影老师对着镜头指导说：首先女孩子的裙子一定要飞扬起来，怎么飞扬呢？跑起来，或者迎着海风，双手自然往后靠，这样就很唯美了。女孩子跟着摄影的指导摆动作，然后摄影师拍照。

场景三：人物玩水拍照教程

女生在海浪中并且比耶歪头笑，摄影老师解释：这样拍就太像游客照了，要拍特写才好看。

女生捧起海水，然后摄影老师对着女生的侧脸，进行拍照；女生激起水花，摄影师在人物前面，慢动作抓拍。

场景四：海滩插花教程

女生在海滩上插上几朵玫瑰花，摄影老师解释说：以花为前景，海为背景，不管是站着，还是躺在海滩上，随意扶花，都能拍出绝美照片。

场景五：全景抓拍教程

女生在海滩上走，摄影老师解释说：在夕阳下全景逆光抓拍、随手拍都很唯美。

2.2.3　文学脚本的写法

文学脚本也是各种小说、故事改版以后，方便以镜头语言来完成的一种台本方式，如电影剧本、电影文学剧本以及广告脚本等。文学脚本比镜头脚本更加有文学色彩一些，比较注重语言的修辞和文采，虽然也具有可拍性，但是主要看导演对脚本的把握，因此有些内容不一定会按照剧本原模原样地拍摄出来。

文学脚本也会描述故事发生的时间和地点，但是一般以情节推动的方式表现，不会特意指出来。某些镜头语言上的“推、拉、移”，在文学剧本上则会借助艺术形象的动作或者运动来表达。下面为读者举例电影《一个都不能少》的文学剧本节选。

山风轻轻吹着。操场旗杆顶上的旗子发出哗哗的响声。学生集合在旗杆底下举行降旗仪式。操场上响起了嘹亮的国歌声。学生唱得很认真很用劲，歌声像一群鸽子，越过山巅，飞上蓝天钻进了云层。国旗在歌声中慢慢降落。

降旗仪式一结束，王校长手里捧着红旗，走到队伍前面，习惯地抬头看看天，这时的太阳正在山头上晃悠。他看看学生说趁太阳没钻山，赶紧回家。王小芳、王彩霞，你们俩今天也回，来时不要忘了背粮，再带点辣子面来。学生认真地听王校长讲话。这时王校长看见村长和一个年轻姑娘不知什么时候站在队伍后面。挥挥手让学生解散。学生四下散了，好奇地看着村长和那个姑娘。

从文学剧本范例中，可以看出剧本和小说没有什么两样，不过场景和人物都描写得很直接，观众可以在脑海中想象出当时的场景。

2.3　如何写出优质的脚本

何为优质的运镜脚本？一般来说，能够顺利指导拍摄实践的就是好的脚本，而在指导拍摄的同时又能够帮助视频呈现出最佳效果的脚本，则可以称为优质的脚本。若是拍摄短视频，则可以以视频的播放量、收藏量等数据来作为衡量脚本的指标。由此看来，拍摄者撰写出脚本的质量与短视频的数据好坏有相关性。

那么，如何撰写出优质的脚本呢？本节将介绍几种方法，为读者提供参考。

2.3.1　确定自己的风格

风格无关好坏，与拍摄者的个人特性有关。具体来说，这里所指的确定自己的风格包括多层含义，具体如下。

（1）拍摄者确定自己想要拍摄的视频风格，如记录日常、揭露社会现象、影视翻拍等。

（2）拍摄者确定好想要拍出什么样的视频效果，其中包括拍摄者想要通过视频传达什么、实际能够传达什么以及视频能否获得观众的喜爱等。

（3）拍摄者的个性与视频的融合程度，具体指拍摄者的性格特征、爱好等是否与自己所要拍摄的视频风格相一致，或是部分一致。通常情况下，若是两者融合度较高，则会支撑拍摄者长久且持续性地拍摄视频，这份决心对于短视频的创作相当重要。

总而言之，风格是视频拍摄者所要确定的一个要素，确定好风格之后，才能顺畅地按照撰写流程来撰写视频脚本。

例如，拍摄者从小生活的环境是乡村，自己的思想、性格等很大部分都受乡土情结的影响，而自己对于所生活的环境也是热爱着的，那么，拍摄者则可以考虑以乡村生活为题材来撰写短视频运镜的脚本，将自己熟悉的生活图景用运镜手法拍摄出来。图 2-6 为以记录乡村生活为风格的短视频账号示例，用一个中心主题囊括多个分镜头记录下乡村里发生的故事。

图 2-6　以记录乡村生活为风格的短视频账号示例

2.3.2　设置转折与冲突

虽说短视频脚本是由一个个分镜头脚本拼凑而成的，但并非是零散的、不完整的，它也如同剧本、小说一样，有开端、高潮和结局的部分，因此设置转折与冲突更能够吸引观众。

在策划短视频的脚本时，拍摄者可以设计一些反差感强烈的转折场景，通过这种高低落差的安排，能够形成十分明显的对比效果，为短视频带来新意，同时也为观众带来更多笑点。

短视频中的冲突和转折能够让观众产生惊喜感，同时对剧情的印象更加深刻，促使他们去点赞和转发。下面分享一些在短视频中设置转折与冲突的相关技巧，如图 2-7 所示。

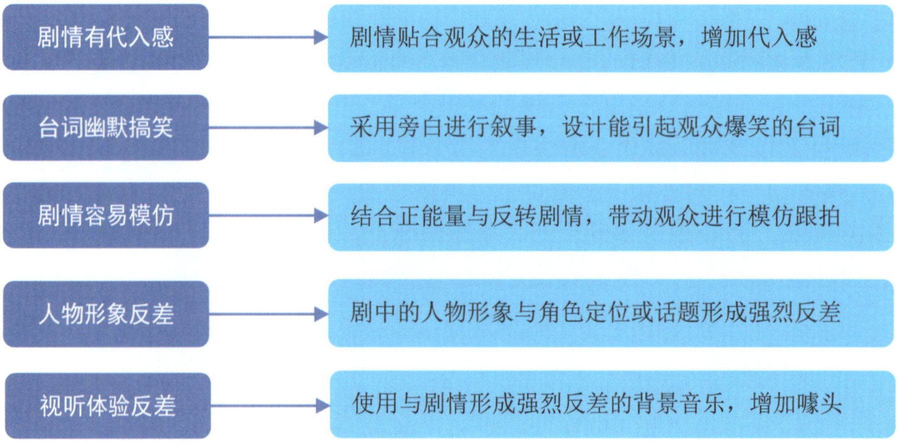

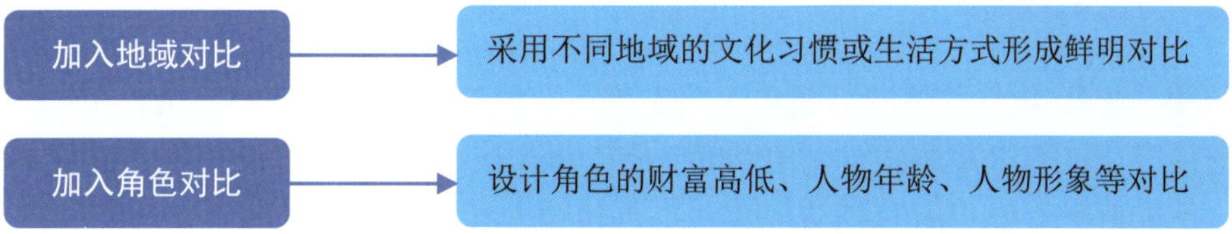

图 2-7　在短视频中设置转折与冲突的相关技巧

例如，《重游西湖》这个视频中脚本最初的设计是人物坐在长椅上睡着了，然后梦到自己来到了西湖公园，在视频快要结束时，设计反转，人物本就身处公园中，虚景与实景相结合，从而揭示出拍摄者向往闲适、宁和的生活的主题。图 2-8 为《重游西湖》视频画面。

图 2-8　《重游西湖》视频画面

撰写短视频脚本的灵感来源，除了靠自身的创意想法外，拍摄者也可以多收集一些热点事件，这些事件通常自带流量和话题属性，能够吸引大量观众。例如，抖音上的热搜排行榜带有一些热点事件和话题，还有热门的电影榜，如图 2-9 所示，可从中选择感兴趣的话题撰写脚本。

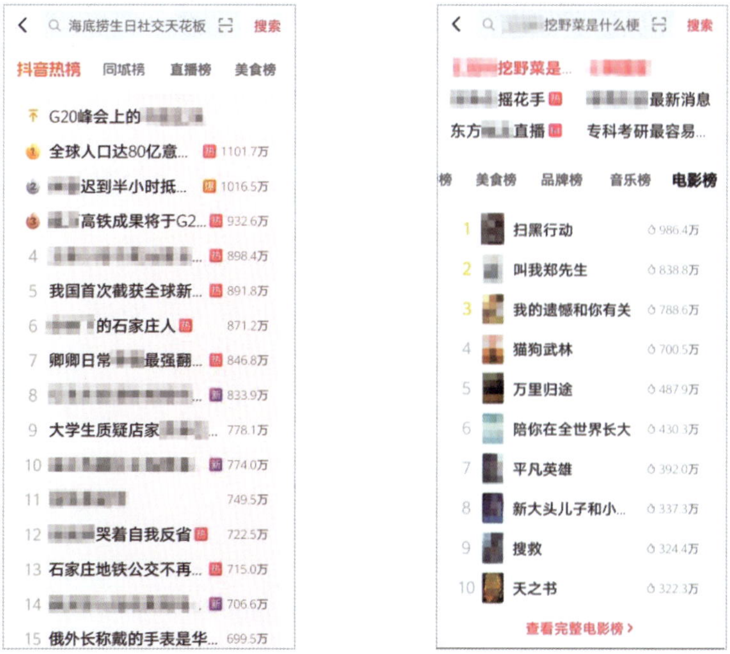

图 2-9　抖音上的热搜排行榜

2.3.3 注重画面的美感

短视频的拍摄和摄影类似，都非常注重审美，审美决定了你的作品高度。如今，随着各种智能手机的摄影功能越来越强大，短视频的拍摄门槛进一步降低了。

另外，各种剪辑软件也越来越智能化，不管拍摄的画面有多粗制滥造，经过后期剪辑处理，都能变得很好看，就像抖音上神奇的“化妆术”一样。例如，剪映 App 中的“一键成片”功能，就内置了很多模板和效果，拍摄者只需要调入拍好的视频或照片素材，即可轻松做出同款短视频效果，如图 2-10 所示。

图 2-10 剪映 App 的“一键成片”功能

也就是说，短视频的技术门槛已经越来越低了，普通人也可以轻松创作和发布短视频作品。但是，每个人的审美观是不一样的，短视频的艺术审美和强烈的画面感都是加分项，能够增强视频的竞争力。

而在拍摄的过程中，拍摄者不仅需要保证视频画面的稳定和清晰度，还需要突出主体，可以多种组合各种景别、构图、运镜方式，以及结合快镜头和慢镜头，增强视频画面的运动感、层次感和表现力。总之，要形成好的审美观，需要拍摄者多思考、多琢磨、多模仿、多学习、多总结、多尝试、多实践、多拍。

2.3.4 模仿优质的脚本

先哲有云“三人行，必有我师焉”“见贤思齐焉”，意在教导人们要虚心向人学习，撰写优质的脚本也是这样。拍摄者在遇到与自己风格相似或是自己喜欢的短视频作品时，可以多收藏、研习，学习其脚本的设计，并总结经验用到自己的视频脚本中。

翻拍与改编一些经典的影视作品不失为一种好的方式。在豆瓣电影平台上可以找到各类影片排行榜，如图 2-11 所示。将排名靠前的影片都列出来，然后去其中搜寻经典的片段，包括某个画面、道具、台词、人物造型等内容，都可以将其用到自己的短视频中。

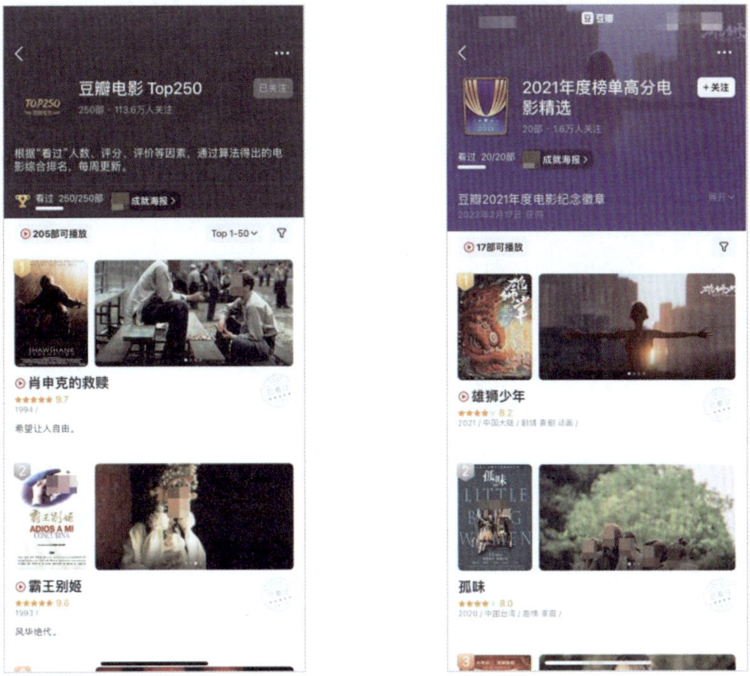

图 2-11　豆瓣的各类影片排行榜

2.3.5　优质脚本的条件

策划脚本相对于拍摄视频和剪辑视频来说是比较有难度的，因为脚本对于创意要求极高。但是，如果拍摄者想要视频快速上热门获得更多的点赞与关注，可以遵循以下撰写优质脚本的条件，作为评估脚本的指标，降低撰写脚本的难度，如图 2-12 所示。

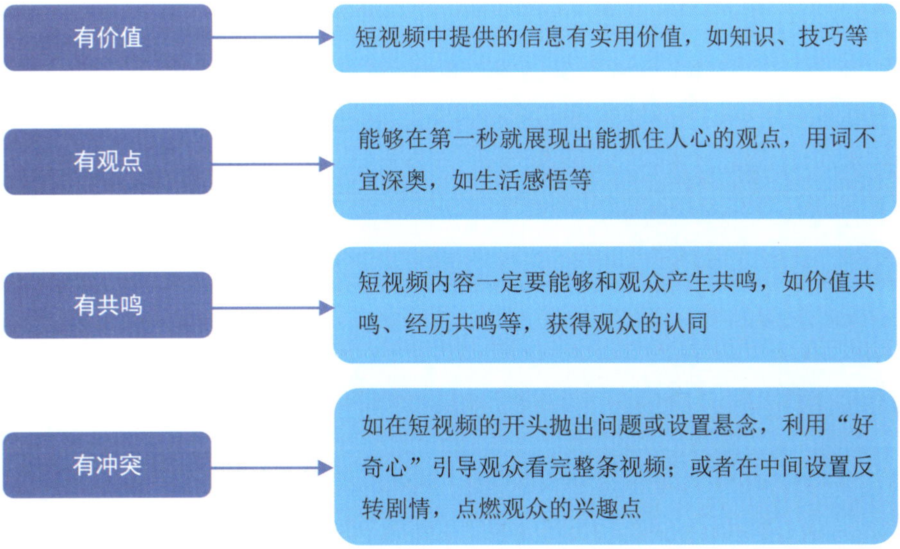

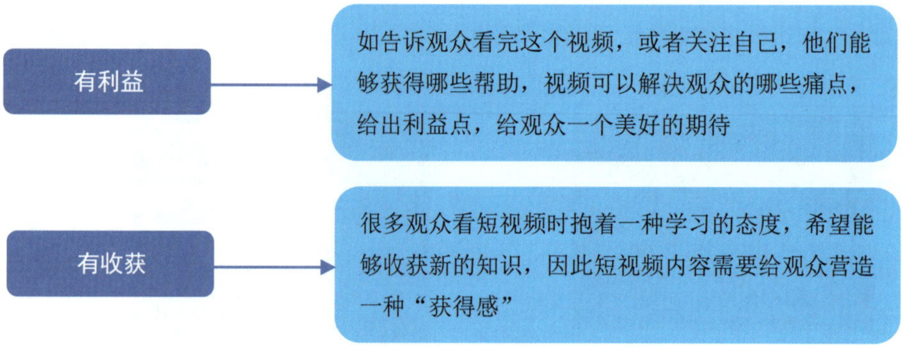

图 2-12　优质脚本的条件

本 章 小 结

本章主要介绍了运镜脚本的相关知识，包括了解运镜脚本是什么、掌握运镜脚本的写法以及如何写出优质的脚本三个方面的内容。希望通过对本章的学习，读者能够对运镜脚本有所了解，以及能够仿照模板撰写运镜脚本。

课 后 习 题

鉴于本章知识的重要性，为了帮助读者更好地掌握所学知识，本节将通过课后习题，帮助读者进行简单的知识回顾和补充。

请谈一谈运镜脚本的六个基本要素有哪些。

第 3 章 入门级运镜的 9 种拍法

新手学习运镜拍摄需要掌握 9 种入门级的运动镜头，包括推、拉、移、摇、跟、升、降、旋转和环绕镜头。这 9 种镜头奠定了运镜学习的基础，其他复杂的镜头也是由这些镜头构成的，本章将主要介绍这些运镜的拍摄方法。

本章重点

- 掌握 9 种入门级运镜的拍摄方法
- 学以致用，多加实战巩固

3.1 推、拉、移、摇、跟、升、降镜头

运动镜头按照不同的运动方式或运动轨迹可以分为不同的运镜类型，其中推、拉、移、摇、跟、升、降镜头是最基础的运镜。本节将以步骤拆解和视频教学的方式来详细介绍这几种运镜的拍摄方法，帮助读者奠定学习运镜的基础。

3.1.1 推镜头的拍法

推镜头的拍法

推镜头是指镜头由远及近，逐渐靠近主体，主要是起着突出画面中的主体、烘托视频的氛围和特写人物的情绪等作用。以人物为主体，推镜头表现为向前推镜头、侧面推镜头、斜线推镜头和低角度推镜头等不同的类型。

【效果展示】下面介绍推镜头的拍摄方法，画面如图 3-1 所示。教学视频画面如图 3-2 所示。

图 3-1　推镜头画面

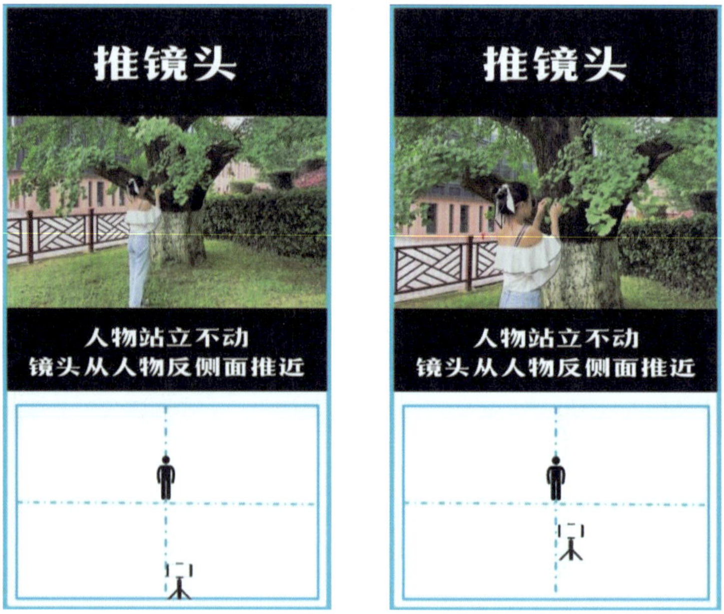

图 3-2　教学视频画面

【运镜实战】下面对推镜头的拍摄步骤进行详细介绍。

Step 01 人物背对镜头，侧身站立观察树叶，镜头拍摄人物，如图 3-3 所示。

图 3-3　镜头拍摄人物

Step 02 人物站立不动，镜头从人物的反侧面向前推近，如图 3-4 所示。

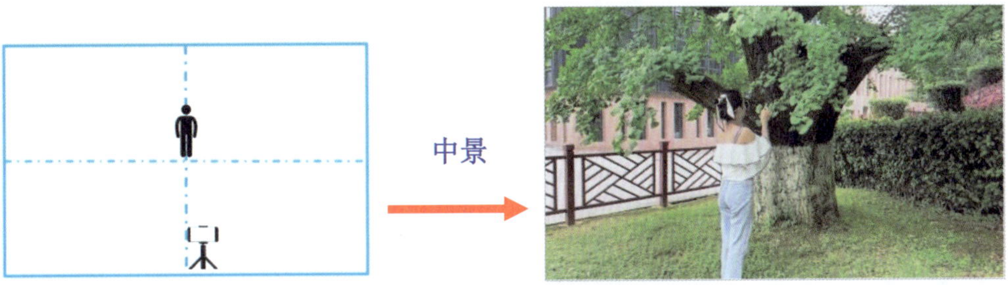

图 3-4　镜头从人物的反侧面向前推近

Step 03 镜头继续前推，拍摄人物的上半身，拉近与人物的距离，如图 3-5 所示。

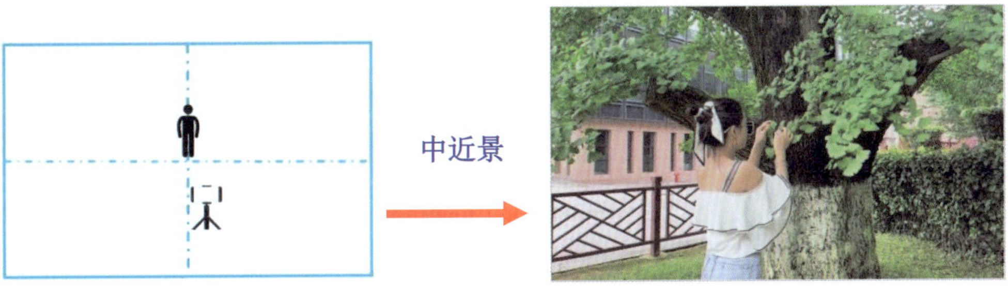

图 3-5　镜头拉近与人物的距离

Step 04 镜头继续前推，展示人物近景，以及特写人物所观察到的树叶，表现出树叶的细节，画面中所容纳的环境变小，如图 3-6 所示。

图 3-6　镜头特写人物所观察到的树叶

3.1.2 拉镜头的拍法

拉镜头与推镜头相反，是指镜头由近及远，逐渐远离主体，通常用作展现人物的全身或环境的全貌，其类似于人眼的瞳孔扩散，所呈现的视频画幅由小变大，画面内容越来越丰富。拉镜头最常用的是后拉镜头。

拉镜头的拍法

【效果展示】下面将介绍拉镜头的拍摄方法，画面如图 3-7 所示。教学视频画面如图 3-8 所示。

图 3-7 拉镜头画面

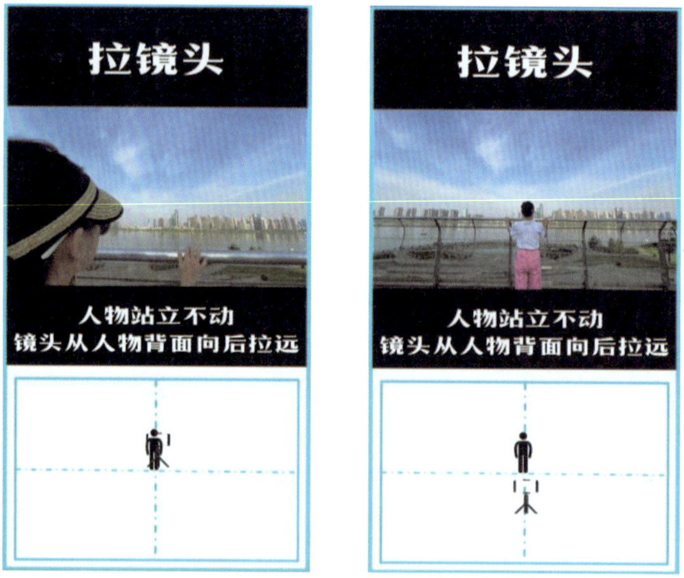

图 3-8 教学视频画面

【运镜实战】下面对拉镜头的拍摄步骤进行详细介绍。

Step 01 人物背对镜头，站立眺望前方的风景，镜头拍摄前方的风景，如图 3-9 所示。

图 3-9　镜头拍摄前方的风景

Step 02 人物继续看风景，镜头往后拉，人物开始出现在画面中，如图 3-10 所示。

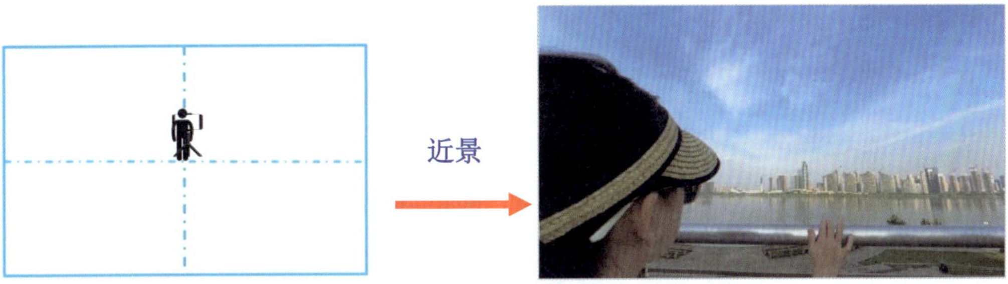

图 3-10　镜头往后拉，人物开始出现在画面中

Step 03 镜头继续后拉，拍摄人物的上半身，拉远与人物的距离，如图 3-11 所示。

图 3-11　镜头拉远与人物的距离

Step 04 镜头继续后拉拍摄，直至画面中快要出现人物全身，如图 3-12 所示。

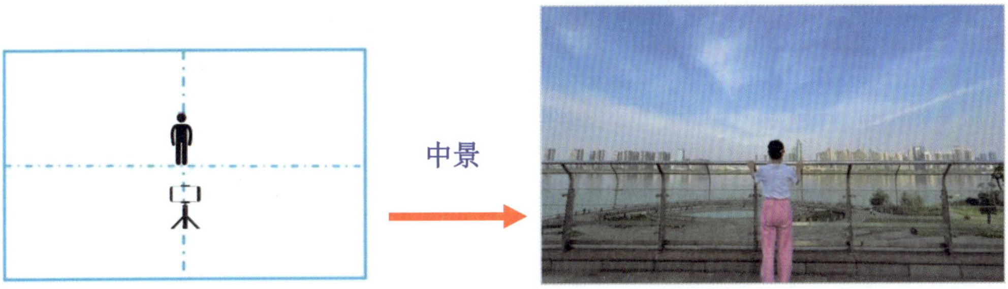

图 3-12　镜头继续后拉直至快要出现人物全身

3.1.3 移镜头的拍法

移镜头的拍法

移镜头通常用作表现场景变换，可以展示从静态到动态、从动态到静态的画面。在影视拍摄中，移镜头有推动故事情节发展、表现连贯性和完整性画面的作用。一般来说，练习移镜头拍摄可以先拍摄一个前景，再移至拍摄主要的人物或其他的主体上。

【效果展示】下面将介绍移镜头的拍摄方法，画面如图 3-13 所示。教学视频画面如图 3-14 所示。

图 3-13 移镜头画面

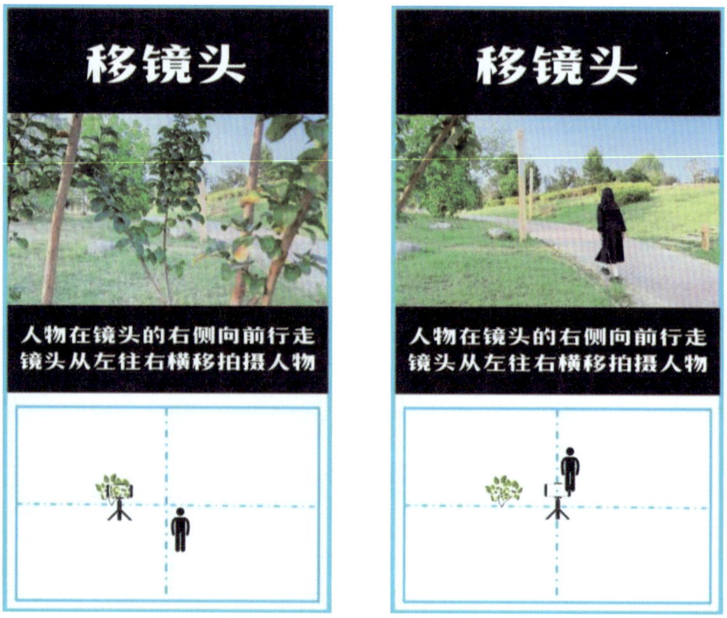

图 3-14 教学视频画面

【运镜实战】下面对移镜头的拍摄步骤进行详细介绍。

Step 01 人物在镜头右侧的画面外，镜头拍摄左侧的树木，如图 3-15 所示。

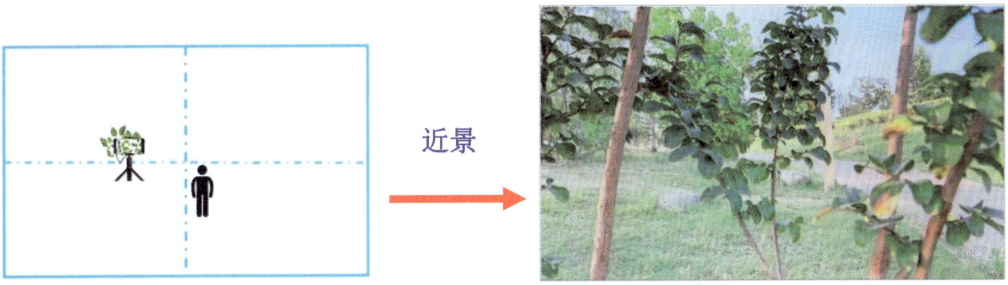

图 3-15　镜头拍摄左侧的树木

Step 02 人物向前行走，镜头从左往右横移拍摄，如图 3-16 所示。

图 3-16　镜头从左往右横移拍摄

Step 03 镜头继续向右横移，人物逐渐出现在画面中，如图 3-17 所示。

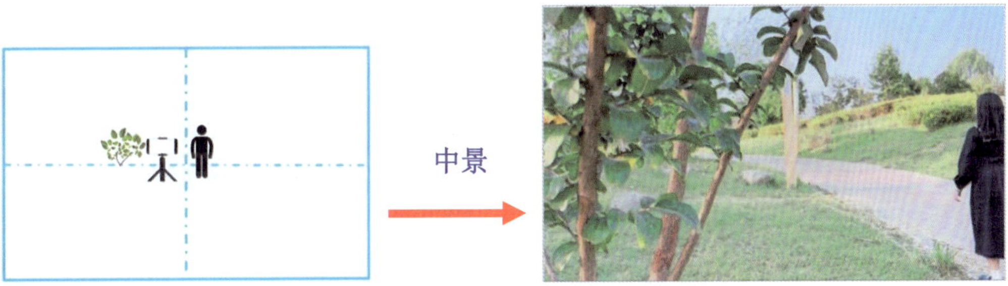

图 3-17　人物逐渐出现在画面中

Step 04 镜头继续向右横移，直至人物全身出现在画面中并继续前行，如图 3-18 所示。

图 3-18　人物全身出现在画面中并继续前行

3.1.4 摇镜头的拍法

摇镜头与移镜头类似，都是移动性的运镜，也都具有展示事物全貌和揭示故事整体的作用。但是，这两种镜头在拍摄方法上是有所区别的，摇镜头在拍摄时比较固定，相当于只是人转动头部来观看周围环境，并没有连同身体运动，而移镜头则是拍摄者和镜头一起移动。

摇镜头的拍法

【效果展示】下面将介绍摇镜头的拍摄方法，画面如图 3-19 所示。教学视频画面如图 3-20 所示。

图 3-19 摇镜头画面

图 3-20 教学视频画面

【温馨提示】摇镜头所拍摄的画面是符合人眼观察事物的习惯的，可以从上下左右等不同的角度摇摄展示画面主体，因此可以给人身临其境之感。而且，因为摇镜头是一点点地展现事物的全貌或整体，也能够给人带来惊喜或震撼感。例如，本例中拍摄的画面从天空向下摇摄湖面风光，因为湖中倒影很美，所以能够令人眼前一亮。

【运镜实战】下面对摇镜头的拍摄步骤进行详细介绍。

Step 01 选好一处湖面风景，镜头先拍摄上方的天空，如图 3-21 所示。这里是从上往下摇摄的，拍摄者也可以根据自己的习惯或不同的场景，选择从下往上摇摄。

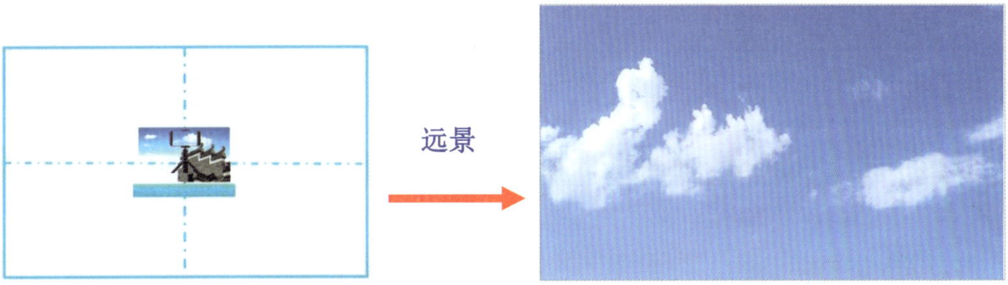

图 3-21　镜头先拍摄上方的天空

Step 02 镜头从上往下摇摄，画面右侧开始出现部分房屋，如图 3-22 所示。

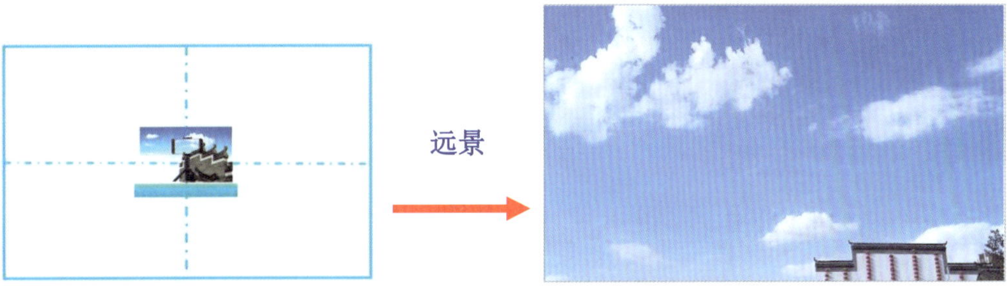

图 3-22　画面中开始出现部分房屋

Step 03 镜头继续向下摇摄，画面中出现了大部分湖岸上的风光，如图 3-23 所示。

图 3-23　画面中出现了大部分湖岸上的风光

Step 04 镜头继续向下摇摄，直至画面中出现了全部所要展现的湖面风光，如图 3-24 所示。

图 3-24　画面中出现了全部所要展现的湖面风光

3.1.5 跟镜头的拍法

跟镜头，即跟随镜头，是指拍摄者跟随运动的物体一起前行或后退拍摄，展现物体的运动状态。一般来说，跟镜头的拍摄主体为人物，因为人物运动的方向比较好把控，有助于拍摄的顺利完成。就拍摄人物而言，跟镜头可以有正面跟随、侧面跟随、背面跟随、反向跟随等不同的类型。

跟镜头的拍法

【效果展示】下面将介绍跟镜头的拍摄方法，画面如图 3-25 所示。教学视频画面如图 3-26 所示。

图 3-25　跟镜头画面

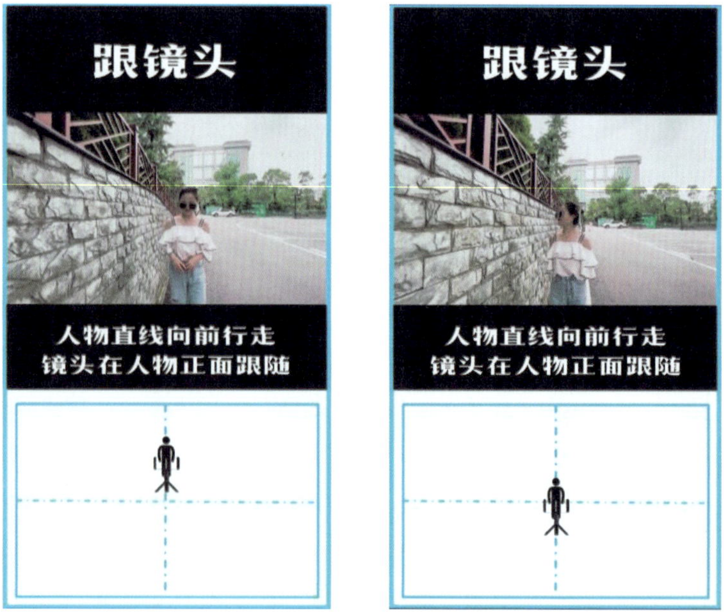

图 3-26　教学视频画面

【运镜实战】下面对跟镜头的拍摄步骤进行详细介绍。

Step 01 人物正对镜头欲向前行，镜头拍摄人物正面，如图 3-27 所示。

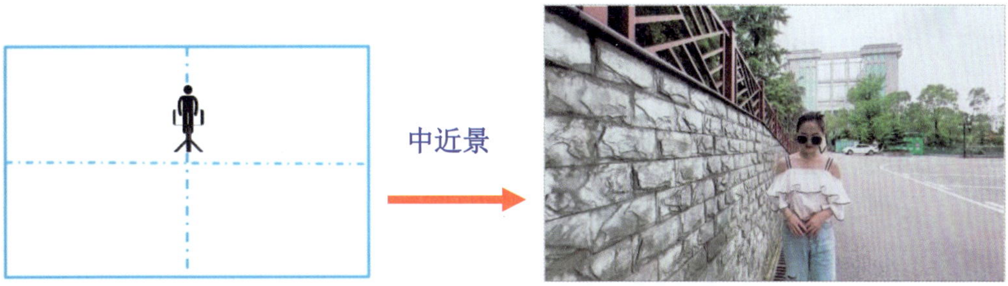

图 3-27　镜头拍摄人物正面

Step 02 人物朝着镜头方向前行，镜头拍摄人物并与人物的运动方向保持一致，如图 3-28 所示。

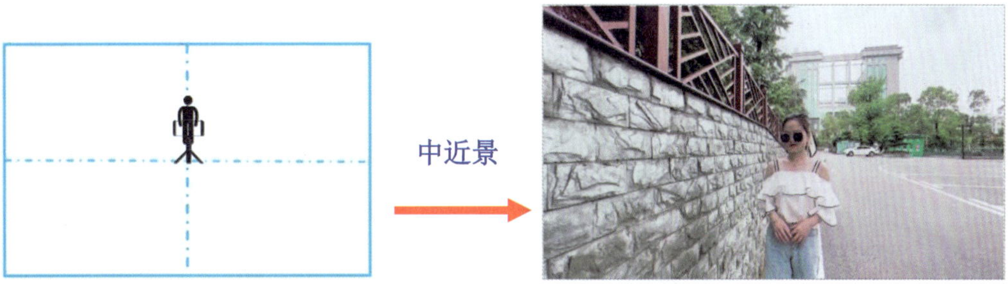

图 3-28　镜头与人物的运动方向保持一致

Step 03 人物继续前行，镜头继续跟随，如图 3-29 所示。

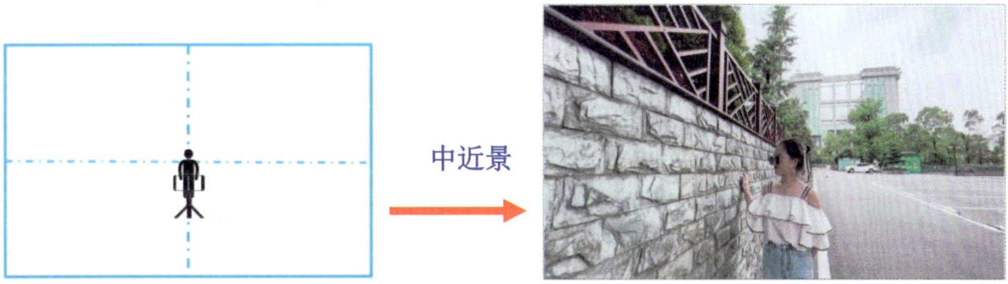

图 3-29　镜头继续跟随

Step 04 镜头跟随人物到一定距离后可结束拍摄，如图 3-30 所示。

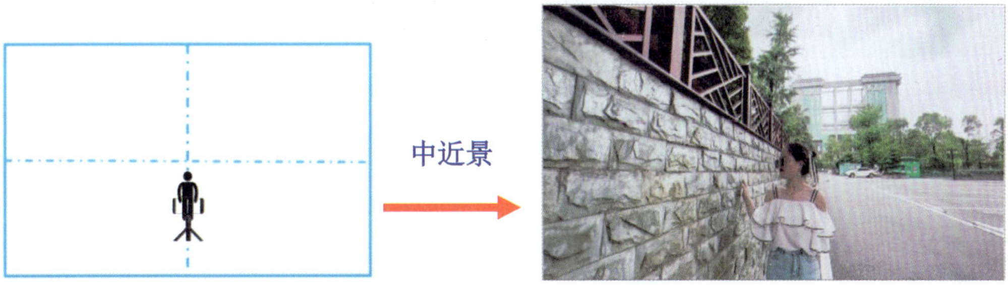

图 3-30　镜头跟随人物到一定距离

3.1.6　升镜头的拍法

升镜头的拍法

升镜头，即上升镜头，主要用于表现垂直方向上的变化，能够产生高度感。拍摄升镜头时，其景别和焦距一般是固定的，因此能够较为准确和完整地展现物体。但是，升镜头需要变换位置，一般由拍摄者蹲下然后起身便可以完成拍摄。

【效果展示】下面将介绍移镜头的拍摄方法，画面如图 3-31 所示。教学视频画面如图 3-32 所示。

图 3-31　升镜头画面

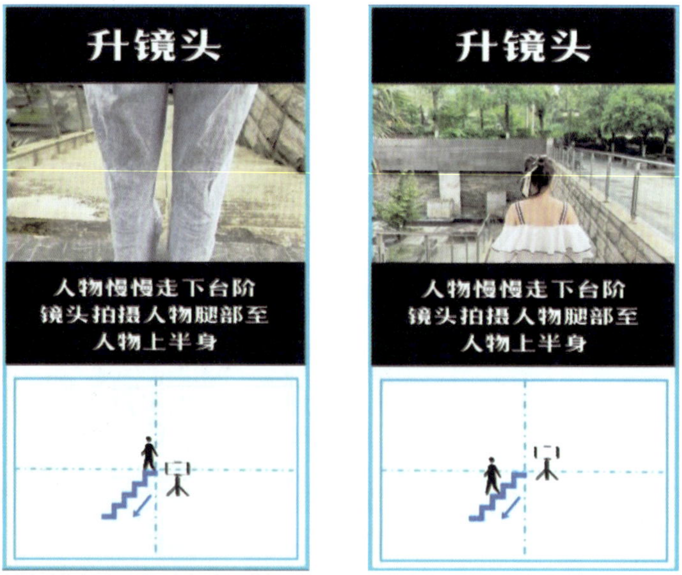

图 3-32　教学视频画面

【运镜实战】下面对升镜头的拍摄步骤进行详细介绍。

Step 01 人物站在台阶上预备走下台阶，镜头低角度拍摄人物的腿部，如图 3-33 所示。

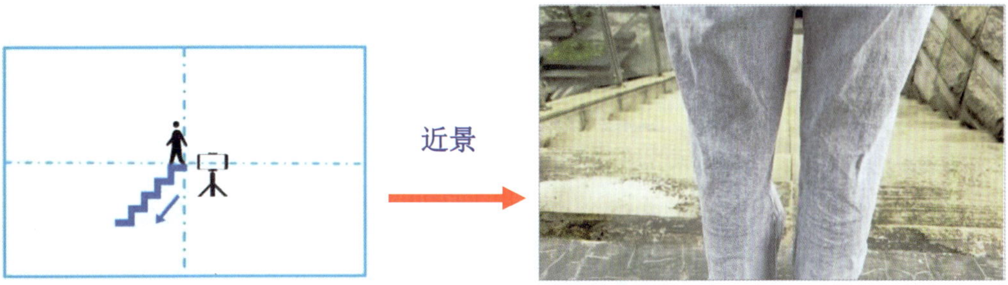

图 3-33　镜头拍摄人物的腿部

Step 02 镜头慢慢上升至人物的腰部左右位置，拍摄人物正欲下台阶，如图 3-34 所示。

图 3-34　镜头拍摄人物正欲下台阶

Step 03 人物走下台阶，镜头继续上升，拍摄人物腰部以上的上半身，如图 3-35 所示。

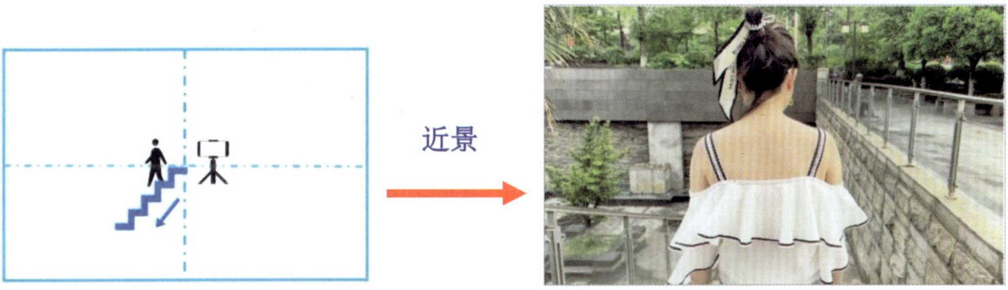

图 3-35　拍摄人物腰部以上的上半身

Step 04 人物继续走下台阶，镜头继续上升，俯拍人物，如图 3-36 所示。

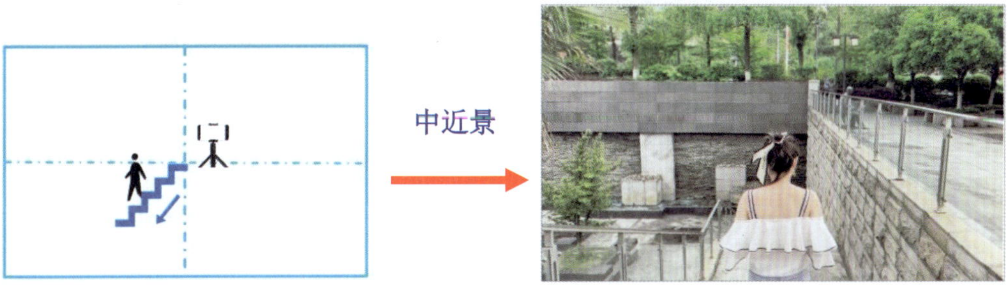

图 3-36　镜头继续上升，俯拍人物

3.1.7 降镜头的拍法

降镜头的拍法

降镜头，即下降镜头，与上升镜头的运动方向相反，是指镜头从上往下进行拍摄。降镜头适用于展示娇小的事物，尤其是采用俯拍来拍摄降镜头，具有事半功倍的效果。

【效果展示】下面将介绍降镜头的拍摄方法，画面如图 3-37 所示。教学视频画面如图 3-38 所示。

图 3-37　降镜头画面

图 3-38　教学视频画面

【运镜实战】下面对降镜头的拍摄步骤进行详细介绍。

Step 01 人物坐在草地上，镜头拍摄人物头顶上方的风景，如图 3-39 所示。

图 3-39 镜头拍摄人物头顶上方的风景

Step 02 镜头慢慢下降，人物胸部以上部位出现在画面中，如图 3-40 所示。

图 3-40 人物胸部以上部位出现在画面中

Step 03 镜头继续下降，拍摄人物坐在草地上的全貌，如图 3-41 所示。

图 3-41 镜头拍摄人物坐在草地上的全貌

Step 04 镜头仍在下降，特写人物前方的花丛，如图 3-42 所示。

图 3-42 镜头特写人物前方的花丛

3.2 旋转和环绕两个镜头

旋转镜头和环绕镜头也属于入门级的运镜，是学习运镜的基础。这两种运镜相对上述 7 种运镜而言，在拍摄方法上有所不同，它们的运动轨迹不再是单一的横向或纵向上的运动，而是带有一些角度的圆或者半圆，因此在稳定方面有更高的要求。下面将详细介绍这两种运镜的拍法。

3.2.1 旋转镜头的拍法

旋转镜头的拍法

旋转镜头是指镜头以人物为中心主体，采用稳定器的旋转拍摄模式进行拍摄，可以呈现不一样的观察视角。本例中人物背对镜头向前行走，镜头从左侧旋转至右侧跟随拍摄人物，在拍摄的过程中，人物始终处于画面的中心位置。

【效果展示】下面将具体介绍旋转镜头的拍摄方法，画面如图 3-43 所示。教学视频画面如图 3-44 所示。

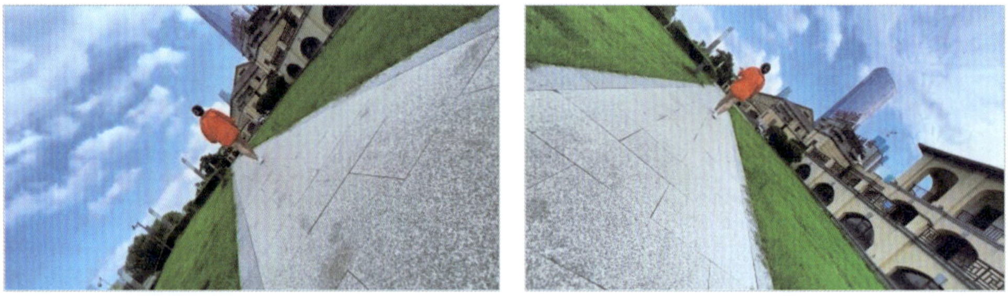

图 3-43　旋转镜头画面

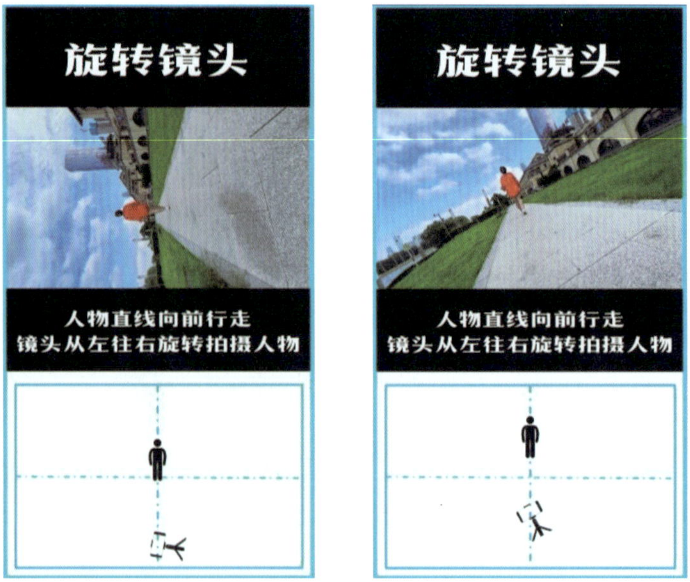

图 3-44　教学视频画面

【运镜实战】下面对旋转镜头的拍摄步骤进行详细介绍。

Step 01 人物背对镜头向前行走，镜头向左侧旋转接近 90° 拍摄人物，如图 3-45 所示。

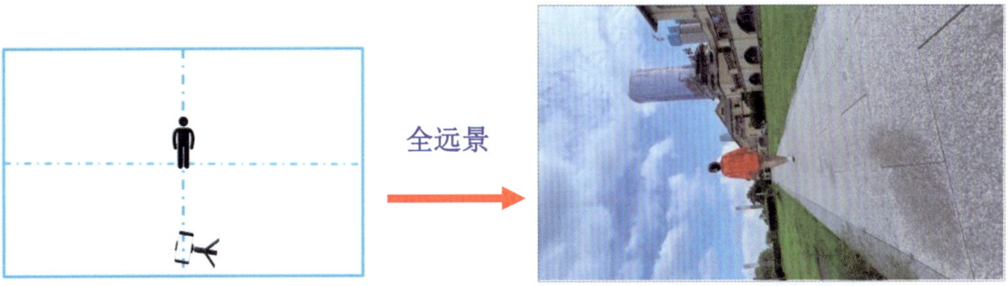

图 3-45　镜头向左侧旋转接近 90° 拍摄人物

Step 02 人物继续前行，镜头从左往右旋转跟随拍摄人物，如图 3-46 所示。

图 3-46　镜头从左往右旋转跟随拍摄人物

Step 03 人物继续前行，镜头继续向右旋转，如图 3-47 所示。

图 3-47　镜头继续向右旋转

Step 04 人物继续前行，镜头继续向右旋转，运动轨迹接近 180° ，如图 3-48 所示。

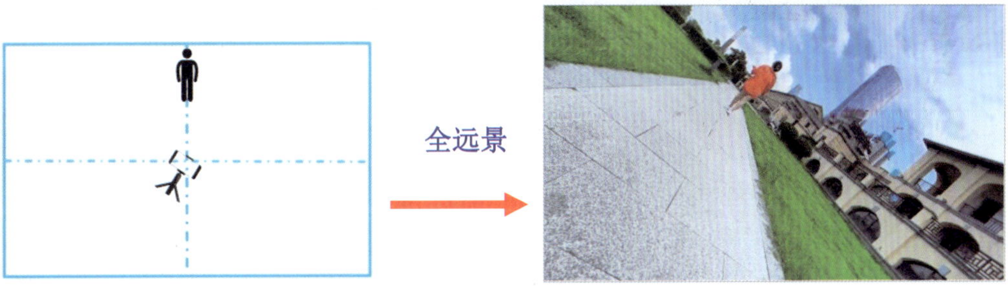

图 3-48　镜头旋转运动轨迹接近 180°

3.2.2　环绕镜头的拍法

环绕镜头的拍法

环绕镜头是指镜头围绕主体环绕一定的角度进行拍摄，环绕的角度可以不受限制，按照拍摄者的需求而定。环绕镜头可以全方位地展示主体，在突出主体以及呈现主体的全貌上发挥着独特的作用。

【效果展示】下面将具体介绍环绕镜头的拍摄方法，画面如图 3-49 所示。教学视频画面如图 3-50 所示。

图 3-49　环绕镜头画面

图 3-50　教学视频画面

【运镜实战】下面对环绕镜头的拍摄步骤进行详细介绍。

Step 01 人物站立不动，手持枝丫欣赏，镜头近距离拍摄枝丫，如图 3-51 所示。

图 3-51　镜头近距离拍摄枝丫

Step 02 人物近距离欣赏枝丫，镜头从右往左环绕拍摄枝丫的细节，如图 3-52 所示。

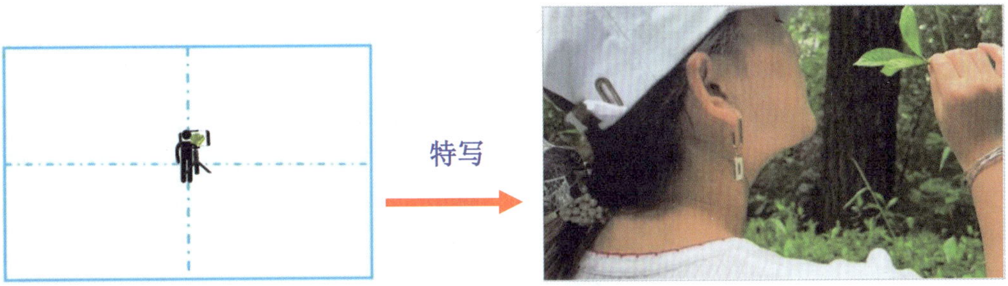

图 3-52　镜头从右往左环绕

Step 03 人物继续欣赏，镜头向左环绕接近 90° 拍摄，如图 3-53 所示。

图 3-53　镜头环绕接近 90° 拍摄

Step 04 镜头继续向左环绕，运动轨迹接近半周，如图 3-54 所示。

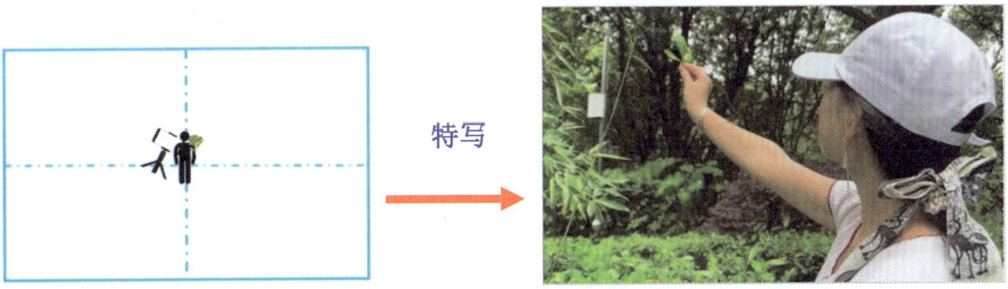

图 3-54　镜头环绕运动轨迹接近半周

本章小结

本章主要介绍了 9 种入门级的运镜拍摄方法，包括推、拉、移、摇、跟、升、降、旋转和环绕镜头，以步骤拆解和视频教学的方式详细地传授给读者拍摄方法。希望通过本章的学习，读者能学以致用，多多实践，为以后的运镜拍摄奠定好基础。

课后习题

课后习题

鉴于本章知识的重要性，为了帮助读者更好地掌握所学知识，本节将通过课后习题，帮助读者进行简单的知识回顾和补充。

本习题需要读者巩固跟镜头的拍摄方法，效果展示如图 3-55 所示，教学视频画面如图 3-56 所示。

图 3-55　跟镜头画面

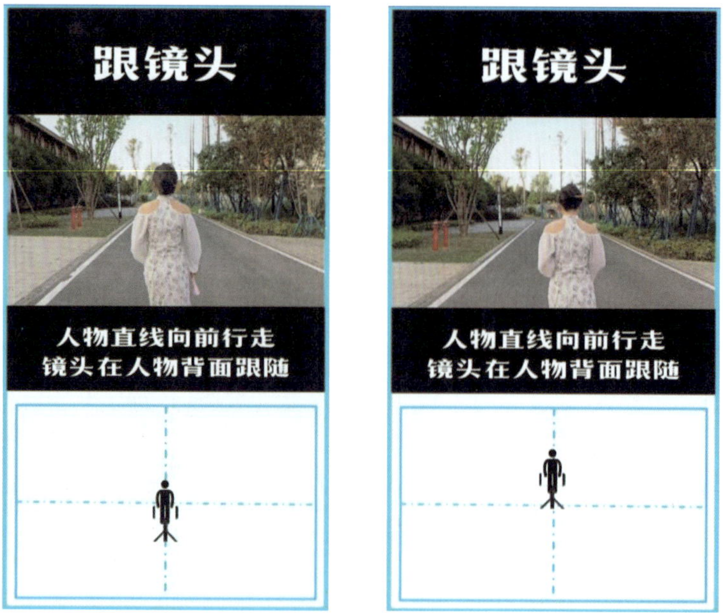

图 3-56　教学视频画面

第 4 章
基础运镜的 9 种实用拍法

4

基础运镜是由前面章节学习的 9 种入门级的运镜演变而来的，属于入门级运镜的细分运镜，主要有两大类：一是不同视角的基础运镜；二是不同方位的基础运镜。基础运镜可以帮助拍摄者拍摄出别致的视频画面，从而创作出别具一格的短视频。本章主要学习这两类基础运镜。

本章重点

- 掌握 9 种基础运镜的拍摄方法
- 学以致用，多加实战巩固

4.1 不同视角的单一运镜

不同视角的基础运镜是指可以从不同的角度来拍摄入门级运镜，如低角度拍摄横移镜头。这类运镜可以打破人们的习惯性观察视角，呈现出事物的全面性和整体性。本节将主要介绍5种不同视角下的基础运镜，希望读者能够熟练掌握。

4.1.1 低角度横移镜头

低角度横移镜头

低角度横移镜头需要拍摄者倒拿手机和稳定器进行拍摄，在左右方向上水平移动镜头。一般情况下，在拍摄低角度横移镜头时，会让人物在道路的中心向前行，拍摄者从左往右或者从右往左移动镜头来拍摄人物，所呈现的画面很别致。

【效果展示】下面将介绍低角度横移镜头的拍摄方法，画面如图 4-1 所示。教学视频画面如图 4-2 所示。

图 4-1　低角度横移镜头画面

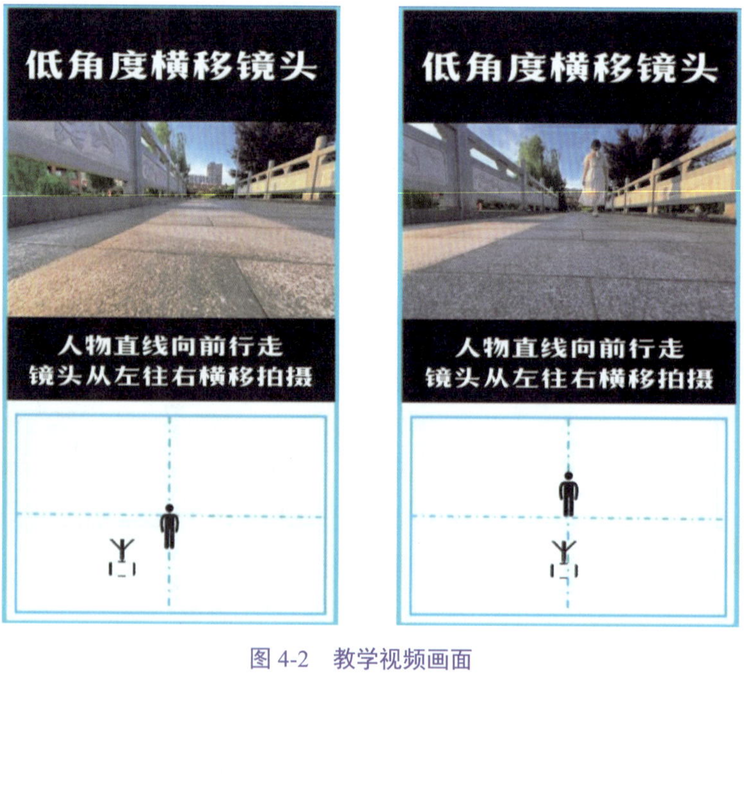

图 4-2　教学视频画面

【运镜实战】下面对低角度横移镜头的拍摄步骤进行详细介绍。

Step 01 人物在镜头右侧的画面外欲前行，镜头低角度拍摄左侧的画面，如图 4-3 所示。

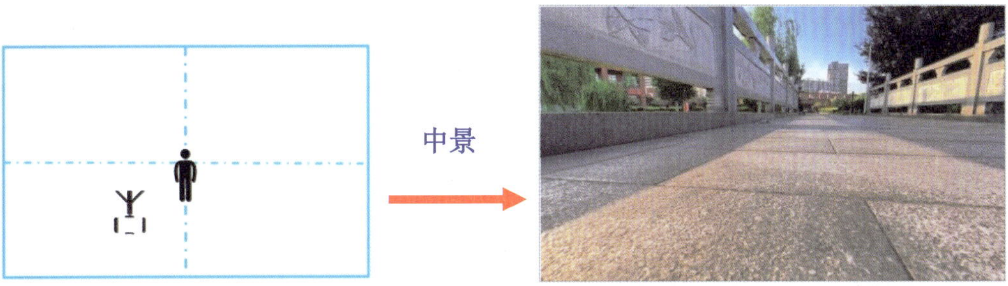

图 4-3 镜头低角度拍摄左侧的画面

Step 02 人物向前行走，镜头从左往右低角度横移拍摄人物，如图 4-4 所示。

图 4-4 镜头从左往右低角度横移拍摄人物

Step 03 人物继续前行，镜头继续横移，画面中出现人物全身，如图 4-5 所示。

图 4-5 画面中出现人物全身

Step 04 人物保持前行，镜头继续横移，画面中的人物渐渐走远，如图 4-6 所示。

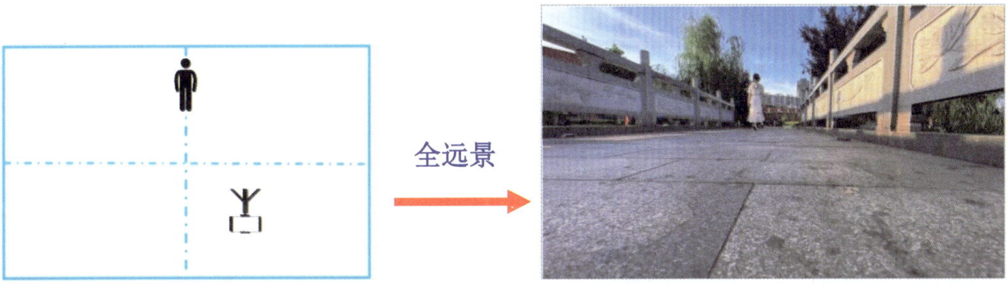

图 4-6 画面中的人物渐渐走远

4.1.2 全景摇摄镜头

全景摇摄镜头

全景摇摄镜头通常用于展现风景的全貌或人物的全身，所拍摄的画面具有连贯性和完整性。由于全景摇摄镜头是从部分到整体来呈现画面的，所以容易带领观众观察，给人身临其境之感。

【效果展示】下面将介绍全景摇摄镜头的拍摄方法，画面如图 4-7 所示。教学视频画面如图 4-8 所示。

图 4-7　全景摇摄镜头画面

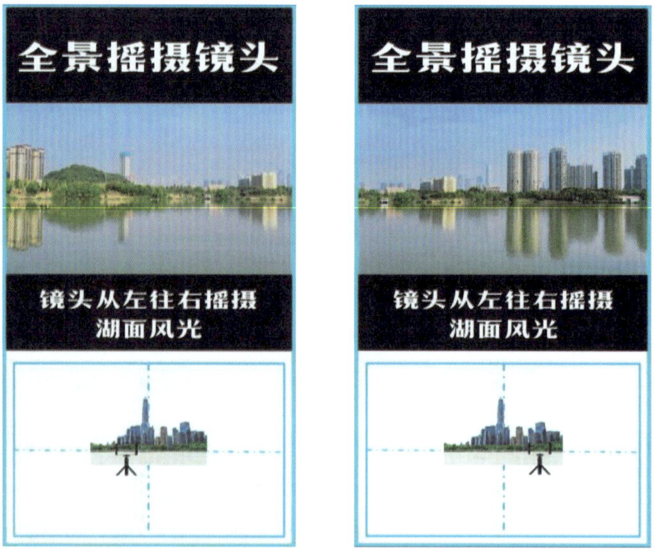

图 4-8　教学视频画面

【温馨提示】在拍摄全景摇摄镜头时，拍摄者和手机的位置是不怎么变动的，只是稳定器带动镜头转动，类似于人站立不动，头部在摇动。

【运镜实战】下面对全景摇摄镜头的拍摄步骤进行详细介绍。

Step 01 选择摇摄大面积的湖面风光。镜头先平角拍左侧的风景，如图 4-9 所示。

图 4-9　镜头先平角拍左侧的风景

Step 02 镜头从左往右摇摄，如图 4-10 所示。

图 4-10　镜头从左往右摇摄

Step 03 镜头继续摇摄至湖面的视觉中心位置，如图 4-11 所示。

图 4-11　镜头继续摇摄至湖面的视觉中心位置

Step 04 镜头继续向右摇摄，至一定的位置后停止摇摄，如图 4-12 所示。

图 4-12　镜头摇摄至一定的位置后停止摇摄

4.1.3 低角度仰拍跟随镜头

低角度仰拍跟随镜头是指拍摄者低角度拍摄人物，且人物在行走时，边跟随人物边拍摄。这类镜头因为是低角度且是仰拍，因此拍摄出的人物常给人高大之感，与平拍的视频画面相比，别有一番韵味。

低角度仰拍
跟随镜头

【效果展示】下面将介绍低角度仰拍跟随镜头的拍摄方法，画面如图4-13所示。教学视频画面如图4-14所示。

图 4-13 低角度仰拍跟随镜头画面

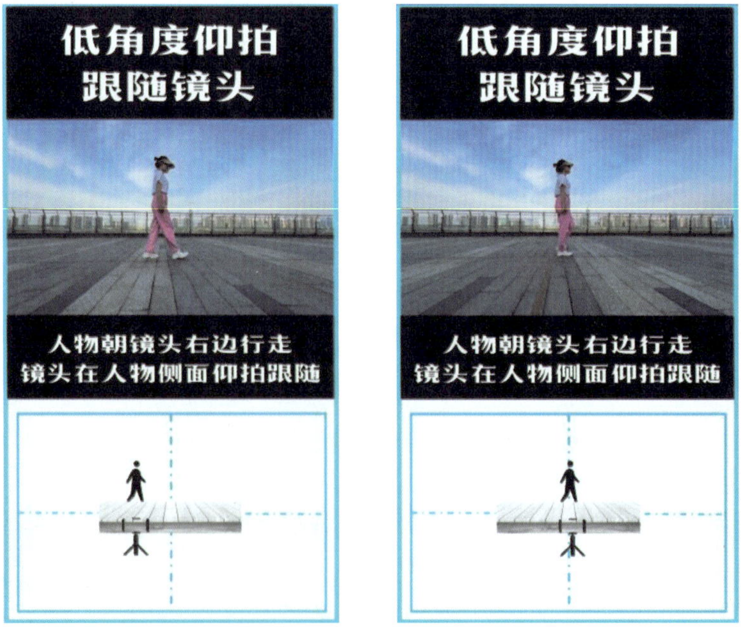

图 4-14 教学视频画面

【运镜实战】下面对低角度仰拍跟随镜头的拍摄步骤进行详细介绍。

Step 01 人物从左往右向前行走，镜头在人物的侧面低角度仰拍跟随，如图 4-15 所示。

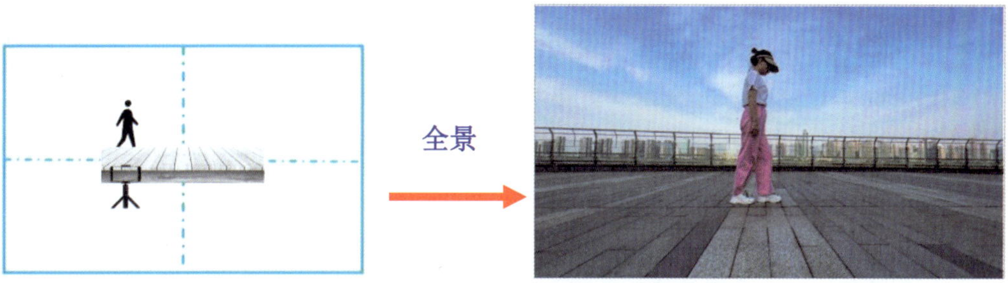

图 4-15　镜头在人物的侧面低角度仰拍跟随

Step 02 人物继续行走，镜头继续跟随，如图 4-16 所示。

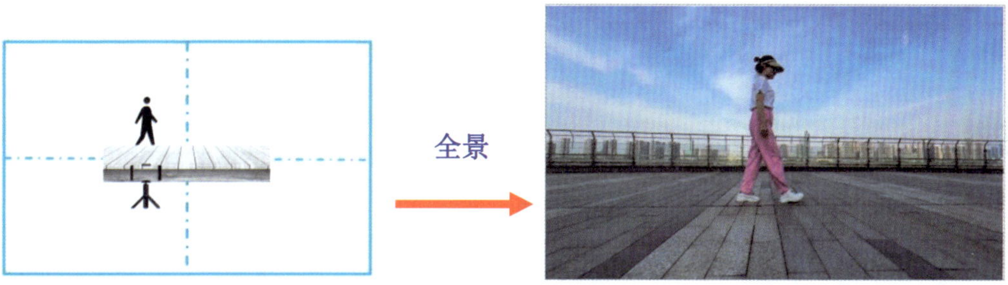

图 4-16　镜头继续跟随

Step 03 人物仍向右行走，镜头仍跟随拍摄且始终保持同样的景别，如图 4-17 所示。

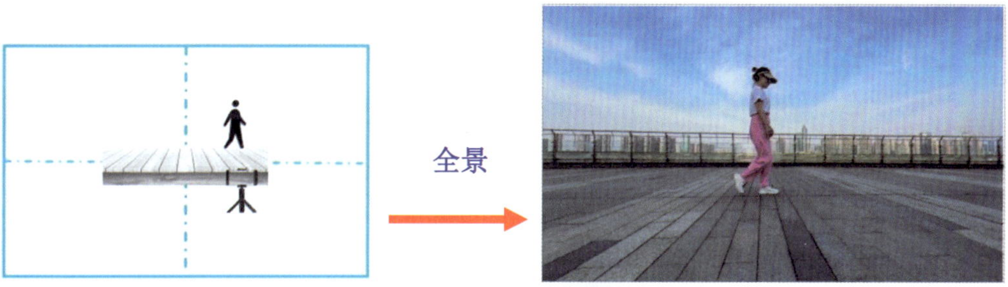

图 4-17　镜头仍跟随拍摄

Step 04 镜头跟随人物到一定距离后结束拍摄，如图 4-18 所示。具体的结束位置可以依据拍摄者制定的脚本中所需视频的时长，此处拍摄的时长为 6s。

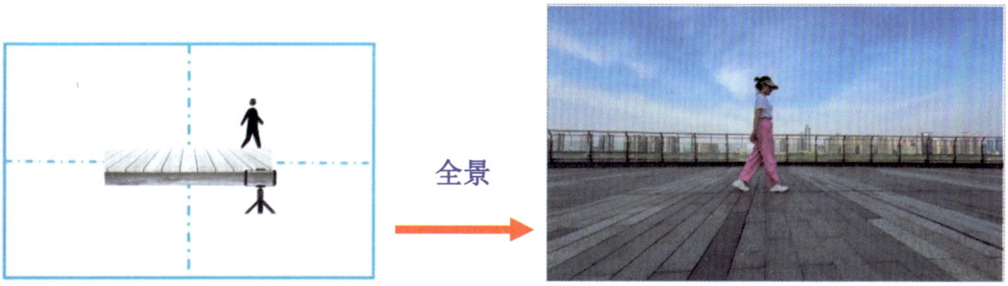

图 4-18　镜头跟随人物到一定距离后结束拍摄

4.1.4 反向跟随镜头

反向跟随镜头是指人物前行，镜头倒退跟随拍摄人物，其人物与镜头的运动方向是相反的。反向跟随镜头与正面跟随镜头相同，能够展现人物的正面，且拍摄出人物运动的轨迹。本例中借用前景来反向跟随拍摄人物，从而丰富视频画面。

反向跟随镜头

【效果展示】下面将介绍反向跟随镜头的拍摄方法，画面如图 4-19 所示。教学视频画面如图 4-20 所示。

图 4-19 反向跟随镜头画面

图 4-20 教学视频画面

【**运镜实战**】下面对反向跟随镜头的拍摄步骤进行详细介绍。

Step 01 选择一处有前景的地方，人物朝着镜头方向前行，镜头在人物的正侧面跟随拍摄，如图 4-21 所示。

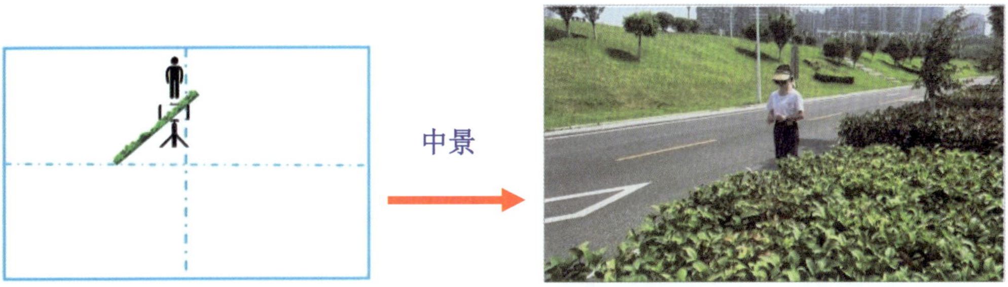

图 4-21　镜头在人物的正侧面跟随拍摄

Step 02 人物继续前行，镜头倒退跟随人物拍摄，如图 4-22 所示。

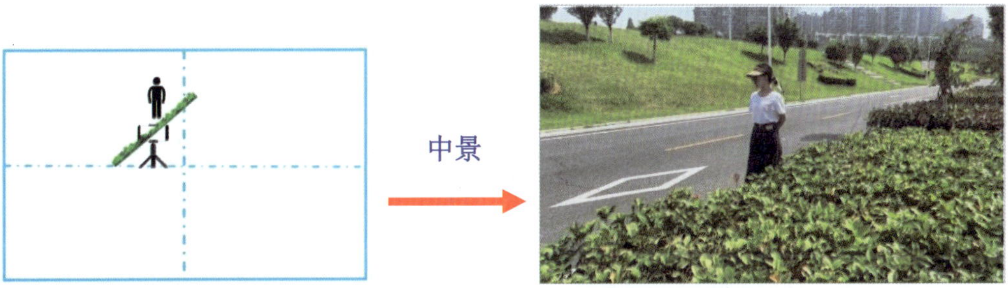

图 4-22　镜头倒退跟随人物拍摄

Step 03 人物保持前行，镜头保持倒退跟随，如图 4-23 所示。

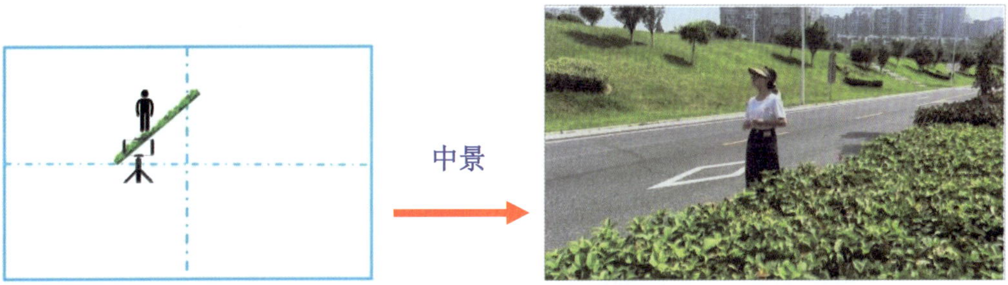

图 4-23　镜头保持倒退跟随

Step 04 镜头反向跟随人物到一定距离后可结束拍摄，如图 4-24 所示。

图 4-24　镜头结束拍摄

4.1.5 特写环绕镜头

特写环绕镜头是指镜头环绕且近距离拍摄人体的某个部位或者事物的某个细节，在环绕的过程中可以根据不同的事物选择不同角度的环绕。本例中则是以树上的一朵花为特写主体，镜头环绕半周来展现花的细节之美。

特写环绕镜头

【效果展示】下面将介绍特写环绕镜头的拍摄方法，画面如图 4-25 所示。教学视频画面如图 4-26 所示。

图 4-25 特写环绕镜头画面

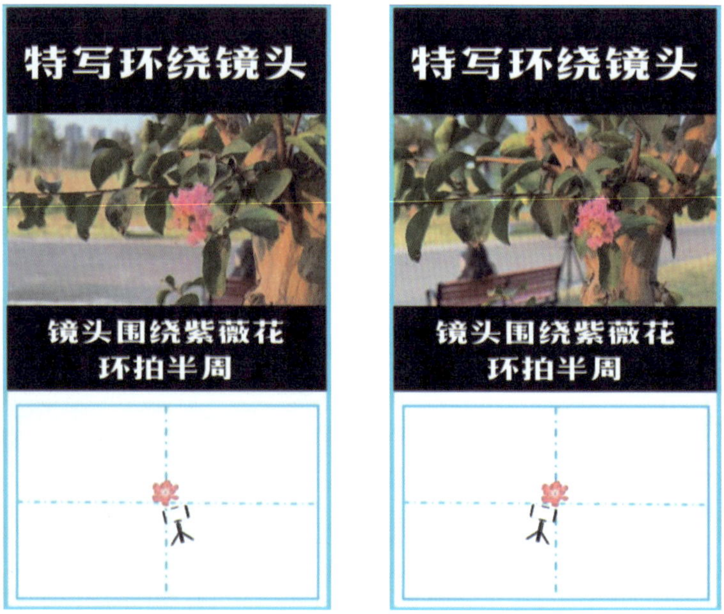

图 4-26 教学视频画面

【运镜实战】下面对特写环绕镜头的拍摄步骤进行详细介绍。

Step 01 选择一朵比较好看的紫薇花，镜头先在右侧拍摄花朵，如图 4-27 所示。

图 4-27　镜头先在右侧拍摄花朵

Step 02 镜头从右往左环绕拍摄花朵，如图 4-28 所示。

图 4-28　镜头从右往左环绕拍摄花朵

Step 03 镜头继续环绕，展示更多花朵的细节，如图 4-29 所示。

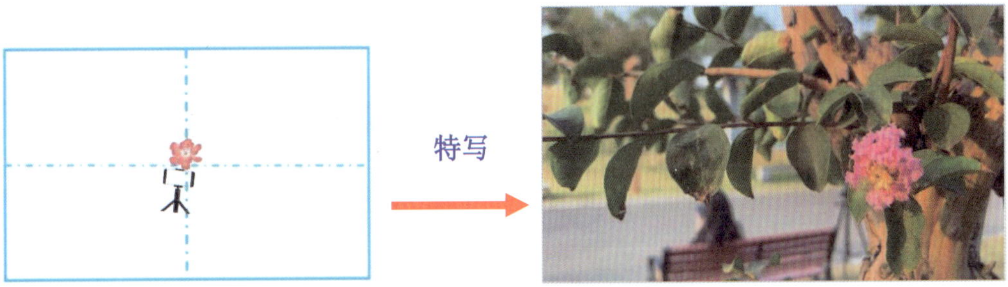

图 4-29　镜头展示更多花朵的细节

Step 04 镜头环绕接近 180° 后停止拍摄，如图 4-30 所示。

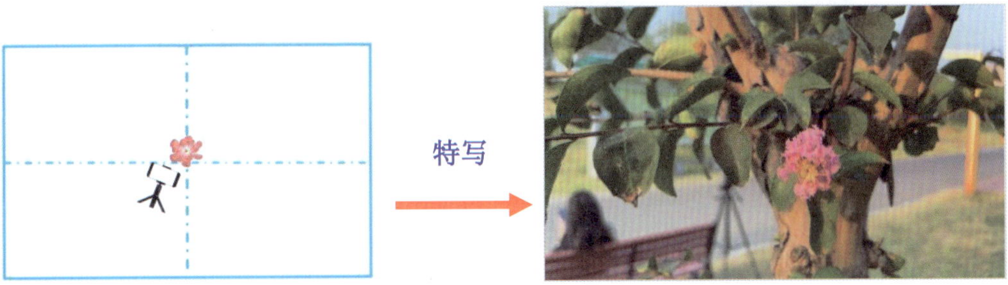

图 4-30　镜头环绕接近 180° 后停止拍摄

4.2 不同玩法的单一运镜

不同玩法的基础运镜是指用越过人物肩膀、与拍摄主体构成斜线、寻找主体的垂直线等方式来突出主体或是呈现主体细节的运镜。在拍摄这类运镜时，拍摄者会根据拍摄主体的位置来调整自己的位置，因此拍摄者与拍摄主体之间存在不同方位的关系。本节将介绍几种不同方位的基础运镜的拍摄方法。

4.2.1 过肩推镜头

过肩推镜头

过肩推镜头是指镜头向前推近越过人物的肩膀，然后突出另一个主体。这个镜头有两个主体，且拍摄画面中必须有人物的存在。在拍摄过肩推镜头时，拍摄者通常位于被摄人物的前方或者后方。本例中拍摄者位于被摄人物的后方，镜头向前推近越过被摄人物的右侧肩膀。

【效果展示】下面将具体介绍过肩推镜头的拍摄方法，画面如图 4-31 所示。教学视频画面如图 4-32 所示。

图 4-31　过肩推镜头画面

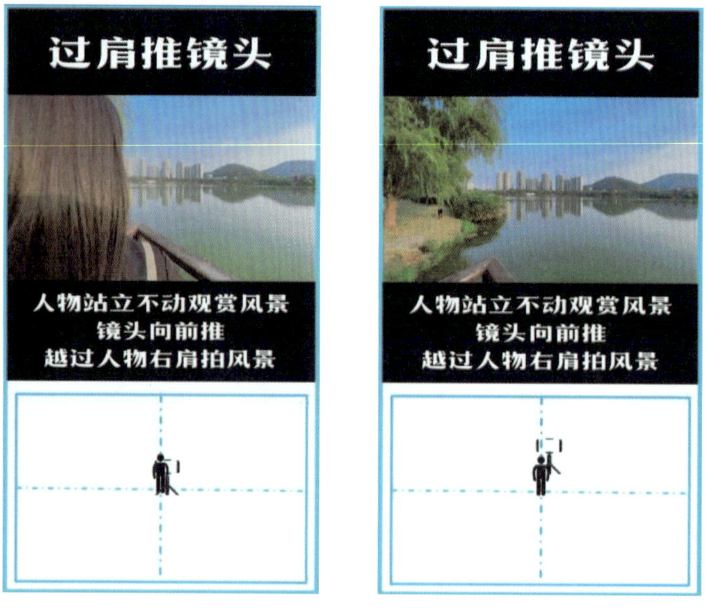

图 4-32　教学视频画面

【运镜实战】下面对过肩推镜头的拍摄步骤进行详细介绍。

Step 01 人物背对镜头站立看风景，镜头在人物背面拍摄，如图 4-33 所示。

图 4-33　镜头在人物背面拍摄

Step 02 人物保持不动，镜头从人物背面向人物推近，如图 4-34 所示。

图 4-34　镜头从人物背面向人物推近

Step 03 镜头推近人物右侧的肩膀，如图 4-35 所示。

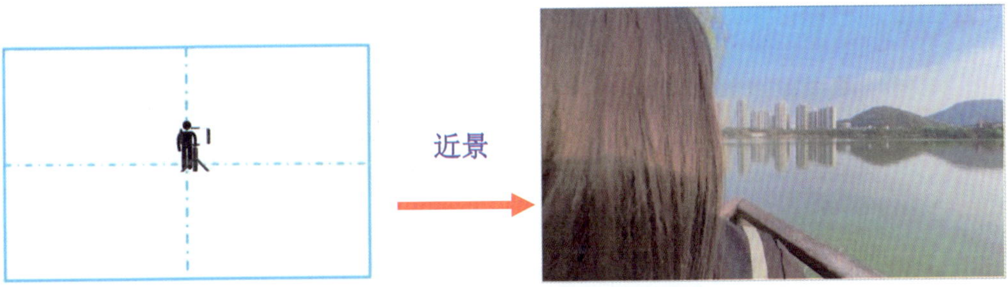

图 4-35　镜头推近人物右侧的肩膀

Step 04 镜头继续推近，越过人物右侧的肩膀，拍摄人物所看的风景，如图 4-36 所示。

图 4-36　镜头推近拍摄人物所看的风景

4.2.2 斜线拉镜头

斜线拉镜头

斜线拉镜头是指拍摄者往后拉镜头的运动轨迹构成一条斜线。这个镜头主要是由拉镜头构成的，相对于直线拉镜头而言，更具巧思，能够从不同方位来展现被摄主体的美。本例中以人物站立看风景的画面为主体，拍摄者在人物的反侧面往后拉远。

【效果展示】下面将具体介绍斜线拉镜头的拍摄方法，画面如图 4-37 所示。教学视频画面如图 4-38 所示。

图 4-37　斜线拉镜头画面

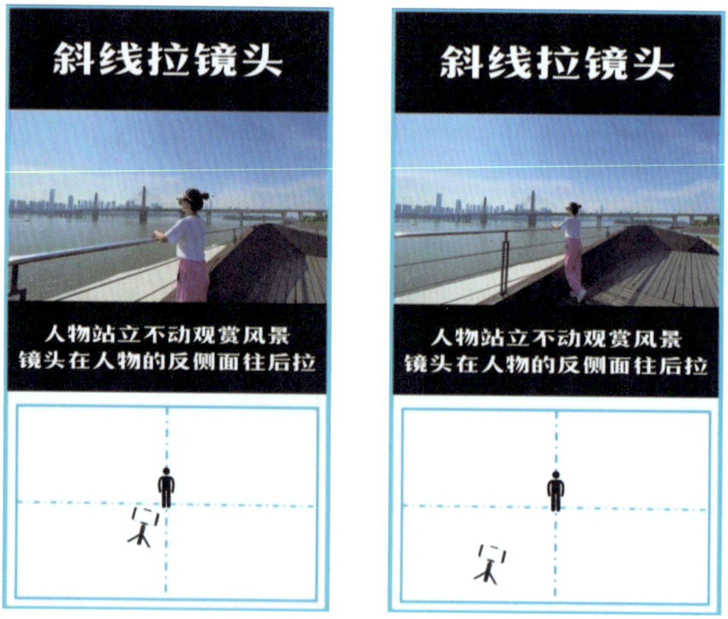

图 4-38　教学视频画面

【运镜实战】下面对斜线拉镜头的拍摄步骤进行详细介绍。

Step 01 人物站立不动眺望风景，镜头在人物的反侧面拍摄，如图 4-39 所示。

图 4-39　镜头在人物的反侧面拍摄

Step 02 人物保持动作，镜头从人物的反侧面往后拉，如图 4-40 所示。

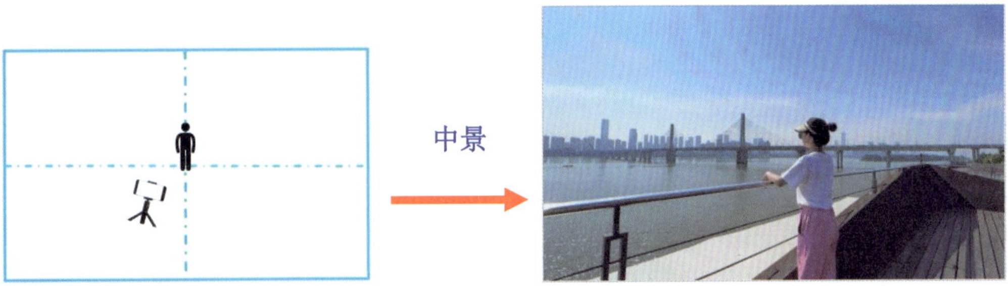

图 4-40　镜头从人物的反侧面往后拉

Step 03 镜头继续往后拉，如图 4-41 所示。镜头后拉的运动轨迹是一条斜线。

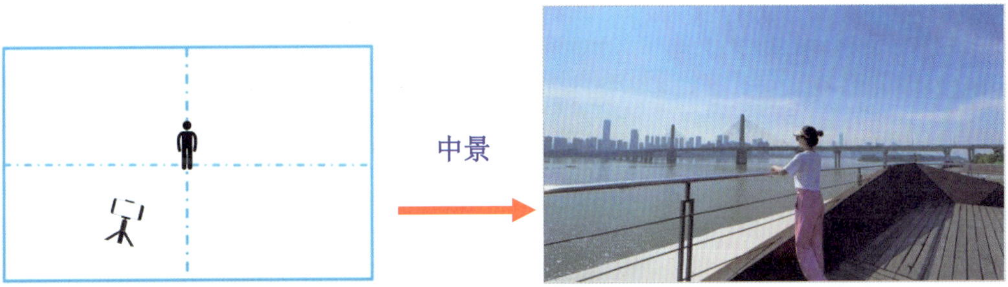

图 4-41　镜头继续往后拉

Step 04 镜头继续斜线后拉，至一定距离后停止拍摄，如图 4-42 所示。

图 4-42　镜头后拉至一定距离后停止拍摄

4.2.3 垂直摇摄镜头

垂直摇摄镜头是指镜头在纵向上摇摄主体，从上往下或者从下往上运动。这个镜头通常用于拍摄高大的建筑物或是耸立的树木，借助事物本身的垂直线来完成摇摄。本例中的镜头是借助树木的垂直线从下往上进行摇摄。

垂直摇摄镜头

【效果展示】下面将具体介绍垂直摇摄镜头的拍摄方法，画面如图 4-43 所示。教学视频画面如图 4-44 所示。

图 4-43　垂直摇摄镜头画面

图 4-44　教学视频画面

【运镜实战】下面对垂直摇摄镜头的拍摄步骤进行详细介绍。

Step 01 选好一棵垂直耸立的树，镜头先拍摄地面和树干，如图 4-45 所示。

图 4-45　镜头先拍摄地面和树干

Step 02 镜头从下往上慢慢摇摄树干和部分树叶，如图 4-46 所示。

图 4-46　镜头从下往上慢慢摇摄树干和部分树叶

Step 03 镜头继续摇摄，画面中出现大面积的树叶，如图 4-47 所示。

图 4-47　画面中出现大面积的树叶

Step 04 镜头继续往上摇摄，画面中展现树尖和一部分天空，如图 4-48 所示。

图 4-48　画面中展现树尖和一部分天空

4.2.4 侧面跟随镜头

侧面跟随镜头是指拍摄者位于人物的左侧或右侧跟随人物进行拍摄。这类镜头的拍摄方法与跟随镜头的拍摄方法相同，不同之处在于拍摄者所处的位置是人物的侧面。本例中，被摄人物从左往右行走，拍摄者位于人物的右侧跟随拍摄。

侧面跟随镜头

【效果展示】下面将具体介绍侧面跟随镜头的拍摄方法，画面如图 4-49 所示。教学视频画面如图 4-50 所示。

图 4-49　侧面跟随镜头画面

图 4-50　教学视频画面

【运镜实战】下面对侧面跟随镜头的拍摄步骤进行详细介绍。

Step 01 人物沿着栏杆向前行走，镜头在人物的侧面跟随拍摄，如图 4-51 所示。

图 4-51　镜头在人物的侧面跟随拍摄

Step 02 人物继续前行，镜头继续跟随，如图 4-52 所示。

图 4-52　镜头继续跟随

Step 03 镜头跟随人物至一定距离后停止拍摄，如图 4-53 所示。

图 4-53　镜头跟随人物至一定距离后停止拍摄

本 章 小 结

本章主要介绍了 9 种基础运镜的拍摄方法，包括低角度横移镜头、全景摇摄镜头、低角度仰拍跟随镜头、反向跟随镜头、特写环绕镜头等，以步骤拆解和视频教学的方式详细地传授给读者拍摄方法。希望通过本章的学习，读者能学以致用，多多实践，为以后的运镜拍摄奠定好基础。

课 后 习 题

鉴于本章知识的重要性，为了帮助读者更好地掌握所学知识，本节将通过课后习题，帮助读者进行简单的知识回顾和补充。

课后习题

本习题需要读者巩固垂直摇摄镜头的拍摄方法，效果展示如图 4-54 所示。教学视频画面如图 4-55 所示。

图 4-54　垂直摇摄镜头画面

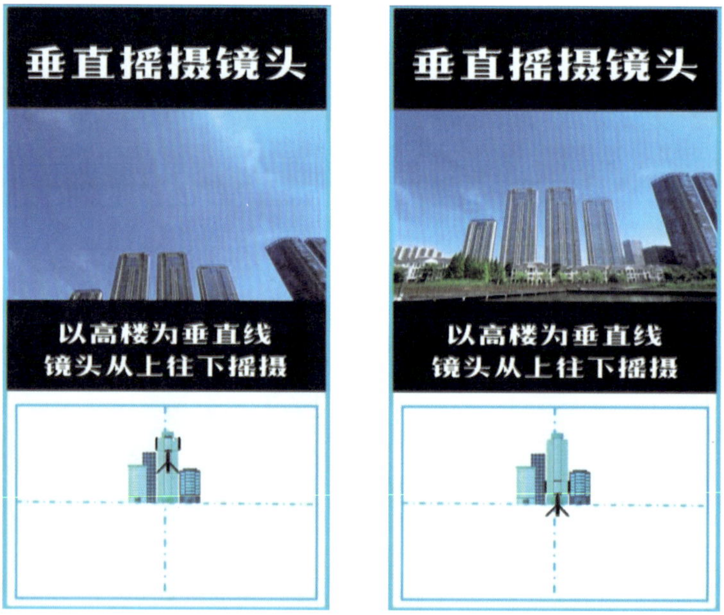

图 4-55　教学视频画面

第 5 章
进阶运镜的 15 种组合镜头

5

组合镜头是由入门级的运镜和基础运镜组合而成的运动镜头，且至少有两个镜头构成。因此，组合镜头相对于前面所学的运镜来说，在拍摄实战上有些难度，但在运镜的专业度和视频的精美度上会有提升。本章将主要介绍 15 种组合镜头的拍摄方法。

本章重点

➢ 掌握 15 种组合镜头的拍摄方法
➢ 学以致用，多加实战巩固

5.1　两种镜头组合的运镜

两种镜头组合的运镜是指由两种入门级的运镜或基础运镜构成的运动镜头。这类运镜在组合方式上可以有先后顺序之分，也可以联合一起拍摄。本节将介绍由两种入门级的运镜或基础运镜构成的组合镜头，以详细的步骤分解和视频运镜演习的方式来介绍，希望读者认真研习，并在课后勤加实战巩固。

5.1.1　推＋跟镜头

推＋跟镜头

推＋跟镜头是指推镜头与跟镜头组合而成的运镜，具体是指人物在行走时，镜头先从人物的侧面推近，然后摇摄至人物背面跟随一段时间。这个组合镜头会让观众产生身临其境之感，满足观众的好奇心。

【效果展示】下面将介绍推＋跟镜头的拍摄方法，画面如图 5-1 所示。教学视频画面如图 5-2 所示。

图 5-1　推＋跟镜头画面

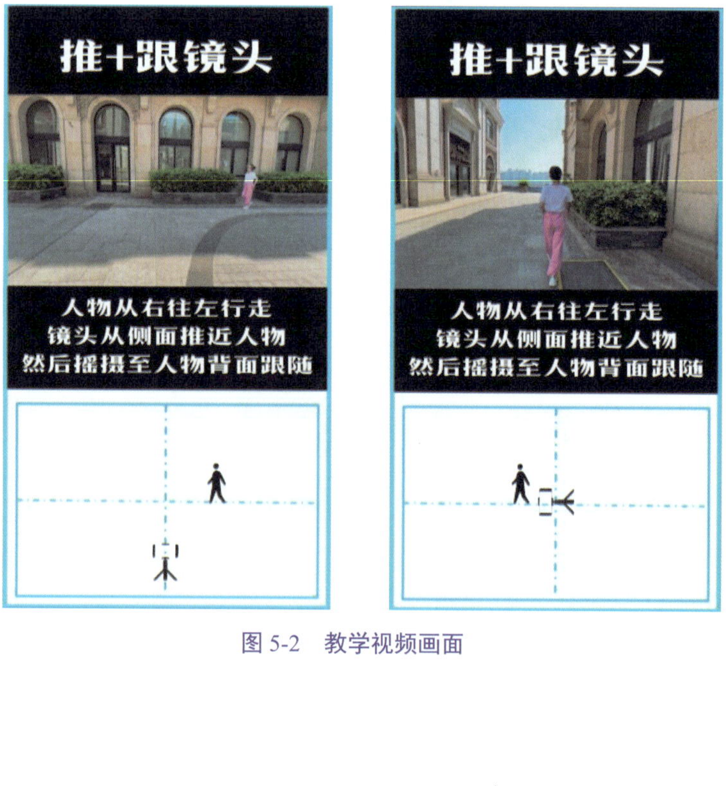

图 5-2　教学视频画面

【运镜实战】下面对推＋跟镜头的拍摄步骤进行详细介绍。

Step 01 人物从右往左行走，镜头从人物的侧面向前推近，如图 5-3 所示。

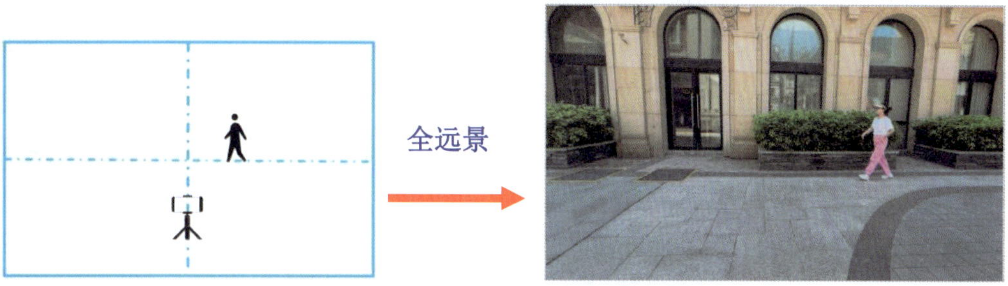

图 5-3　镜头从人物的侧面向前推近

Step 02 人物继续行走，镜头在与人物快要相遇时，摇摄至人物背面，如图 5-4 所示。

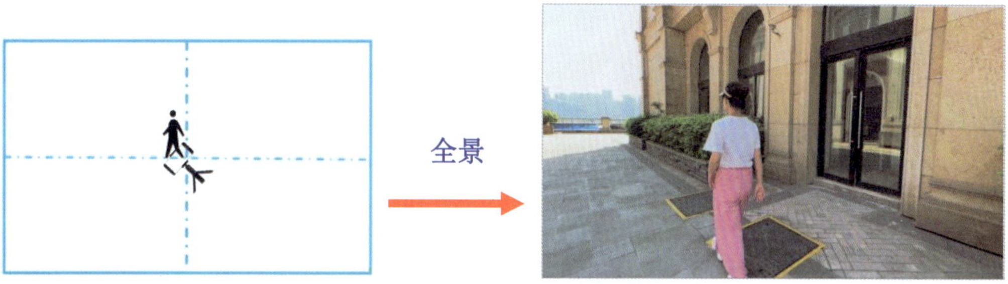

图 5-4　镜头摇摄至人物背面

Step 03 人物继续前行，镜头摇摄至人物正背面，并跟随人物，如图 5-5 所示。

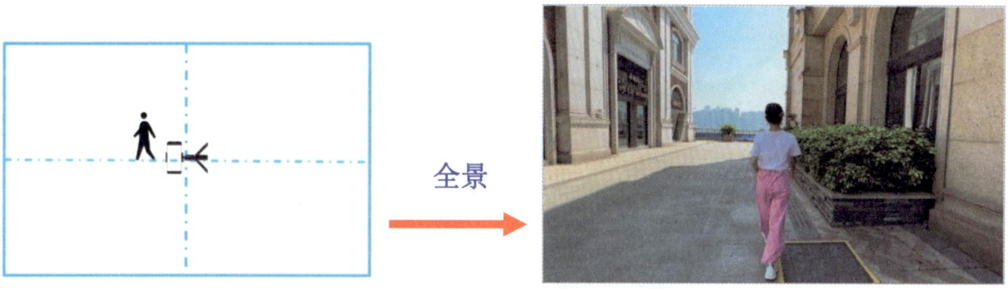

图 5-5　镜头在人物正背面跟随

Step 04 人物保持行走，镜头继续跟随人物一段距离，如图 5-6 所示。

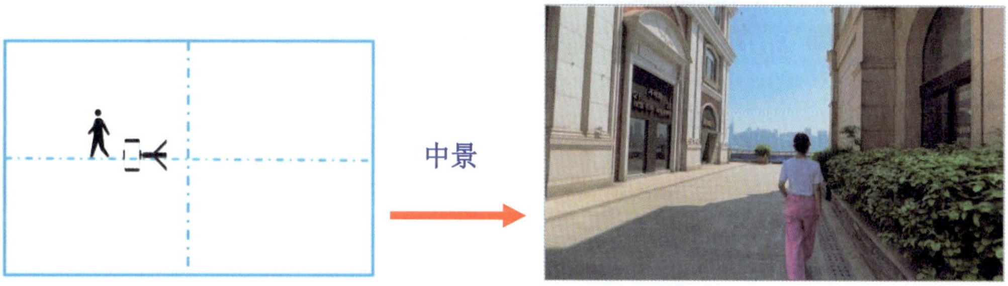

图 5-6　镜头继续跟随人物一段距离

5.1.2 横移＋推镜头

横移＋推镜头是指镜头先拍摄一处风景，然后横移并推近拍摄另一处风景。这组镜头有场景的切换，能够发挥揭示故事的开端；突出后面一个主体的作用。本例中镜头先拍摄右侧的石柱，然后从右往左横移拍摄人物，并逐步推近，突出人物。

横移＋推镜头

【效果展示】下面将介绍横移＋推镜头的拍摄方法，画面如图 5-7 所示。教学视频画面如图 5-8 所示。

图 5-7 横移＋推镜头画面

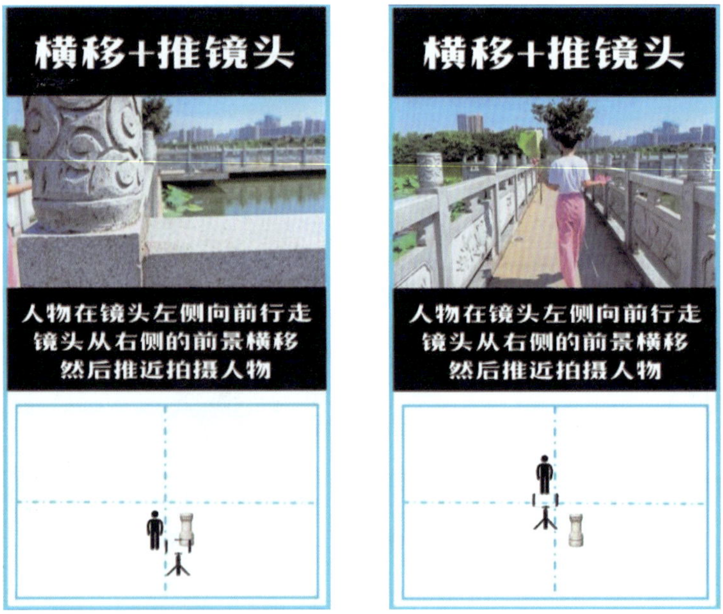

图 5-8 教学视频画面

【运镜实战】下面对横移＋推镜头的拍摄步骤进行详细介绍。

Step 01 人物在镜头左侧的画面外向前行走，镜头拍摄右侧的石柱，如图 5-9 所示。

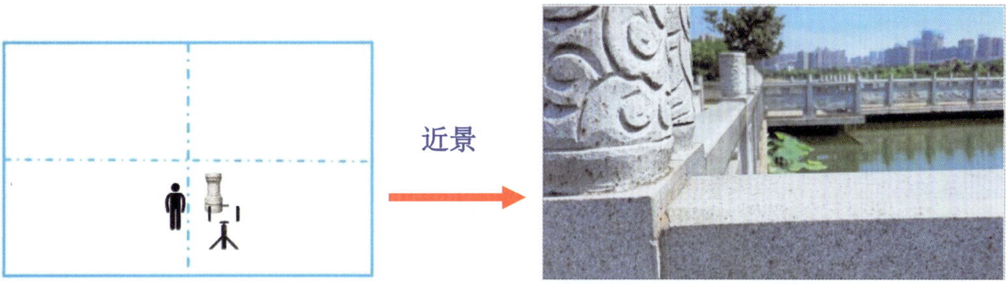

图 5-9　镜头拍摄右侧的石柱

Step 02 人物继续前行，镜头从右往左横移，人物逐渐进入画面中，如图 5-10 所示。

图 5-10　人物逐渐进入画面中

Step 03 人物保持前行，镜头继续横移至人物全身后，向人物推近，如图 5-11 所示。

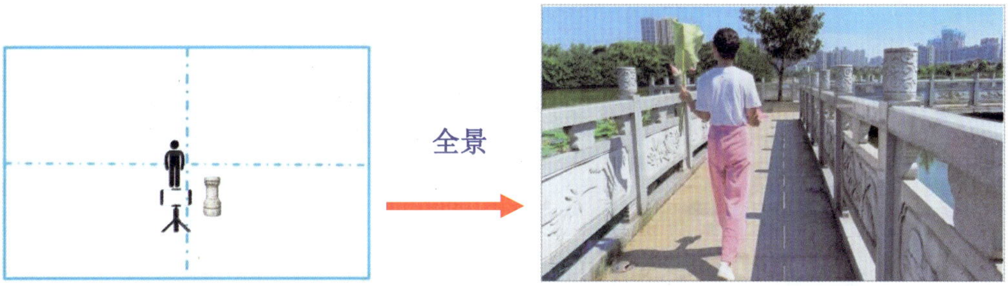

图 5-11　镜头向人物推近

Step 04 人物仍在前行，镜头继续推近，缩短与人物的距离，如图 5-12 所示。

图 5-12　镜头缩短与人物的距离

5.1.3 旋转＋下降镜头

旋转＋下降镜头是指镜头倾斜一定角度拍摄高处，然后旋转回正并慢慢下降拍摄人物。这组镜头采用较为创意的技法揭示人物的出场，可以让观众产生惊艳之感。本例中镜头倾斜一定的角度拍摄大部分的天空，然后旋转回正，并在旋转的过程中慢慢下降。

旋转＋下降镜头

【效果展示】下面将介绍旋转＋下降镜头的拍摄方法，画面如图 5-13 所示。教学视频画面如图 5-14 所示。

图 5-13　旋转＋下降镜头画面

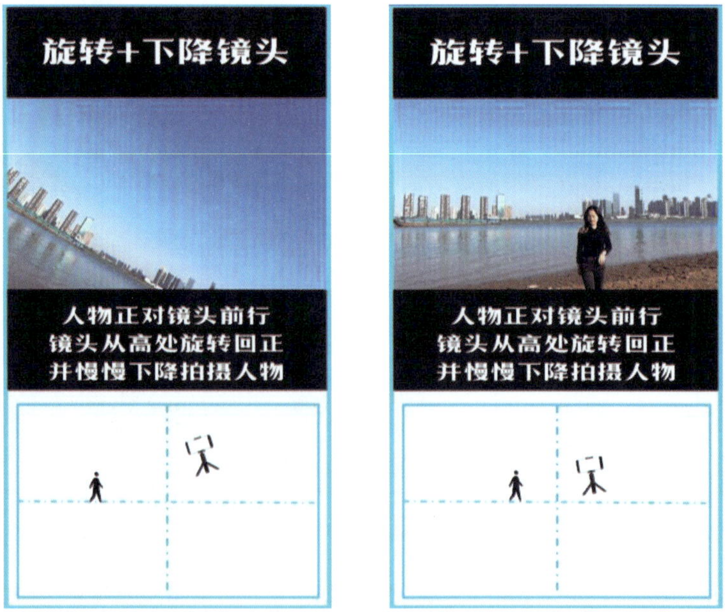

图 5-14　教学视频画面

【运镜实战】下面对旋转+下降镜头的拍摄步骤进行详细介绍。

Step 01 人物正对镜头前行，镜头倾斜一定的角度拍摄人物上方的天空，如图 5-15 所示。

图 5-15　镜头倾斜一定角度拍摄天空

Step 02 人物继续前行，镜头慢慢旋转回正并下降拍摄人物，如图 5-16 所示。

图 5-16　镜头慢慢旋转回正并下降拍摄人物

Step 03 人物保持前行，镜头继续旋转回正并下降，如图 5-17 所示。

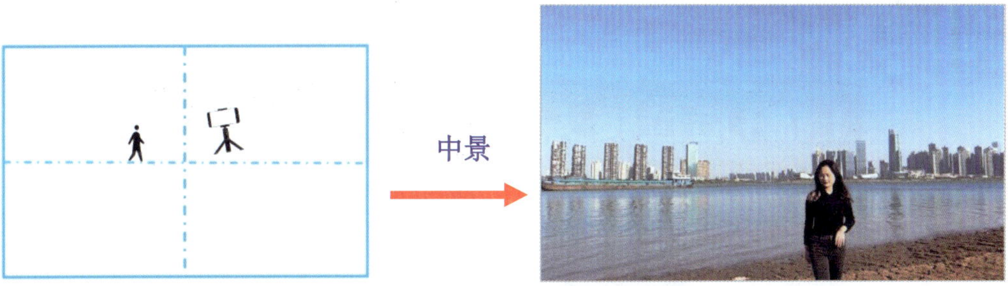

图 5-17　镜头继续旋转回正并下降

Step 04 人物仍在前行，拉近与镜头的距离；镜头继续旋转并下降，突出人物，如图 5-18 所示。

图 5-18　镜头继续旋转并下降突出人物

5.1.4　上摇＋后拉镜头

上摇＋后拉镜头，顾名思义是由向上摇镜头和后拉镜头组合而成，可以起到揭示事物的全貌和交代人物所处的环境的作用。本例中人物站立不动，镜头先低角度拍摄人物的脚部，然后慢慢向上摇摄至人物的上半身，之后再往后拉，交代人物所处的环境。

上摇＋后拉镜头

【效果展示】下面将介绍上摇＋后拉镜头的拍摄方法，画面如图 5-19 所示。教学视频画面如图 5-20 所示。

图 5-19　上摇＋后拉镜头画面

图 5-20　教学视频画面

【运镜实战】下面对上摇＋后拉镜头的拍摄步骤进行详细介绍。

Step 01 人物背对镜头站立不动，镜头低角度拍摄人物的脚部，如图 5-21 所示。

图 5-21　镜头低角度拍摄人物的脚部

Step 02 镜头从人物的脚部慢慢上摇，拍摄人物的上半身，如图 5-22 所示。

图 5-22　镜头上摇拍摄人物的上半身

Step 03 人物仍站立不动，镜头以人物上半身为主体往后拉，如图 5-23 所示。

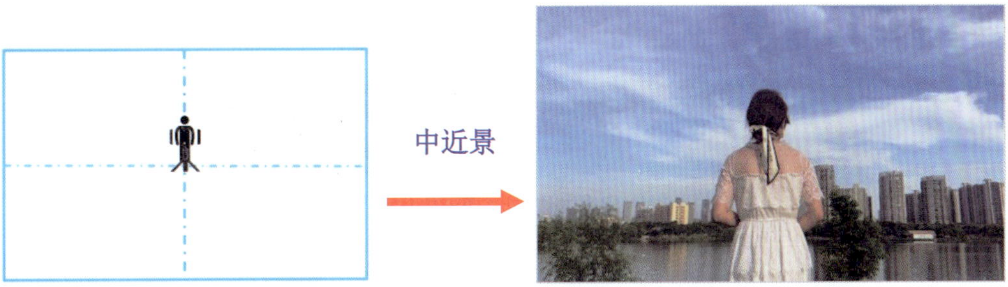

图 5-23　镜头以人物上半身为主体往后拉

Step 04 镜头往后拉到一定距离后，结束拍摄，如图 5-24 所示。

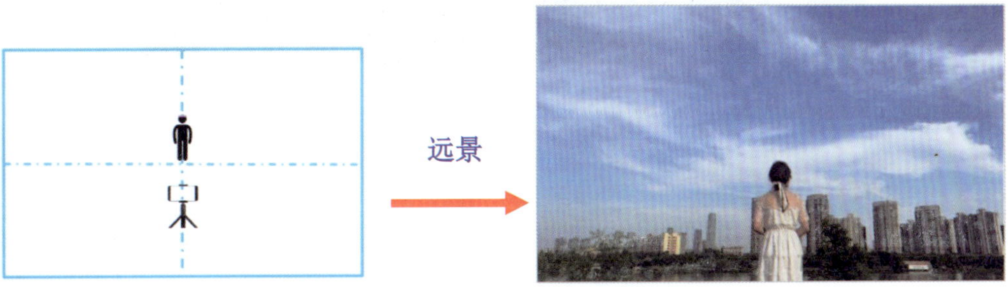

图 5-24　镜头后拉到一定距离后结束拍摄

5.1.5 旋转＋左摇镜头

旋转＋左摇镜头是指镜头先倾斜一定的角度拍摄一处景色，然后旋转并向左摇摄人物。这组镜头可以展现出景色的美，同时由景及人，也呈现出人物的美感。本例中镜头先倾斜拍摄右侧的湖面风光，然后向左摇摄人物，人物的出场有独特的美感。

旋转＋左摇镜头

【效果展示】下面将介绍旋转＋左摇镜头的拍摄方法，画面如图 5-25 所示。教学视频画面如图 5-26 所示。

图 5-25　旋转＋左摇镜头画面

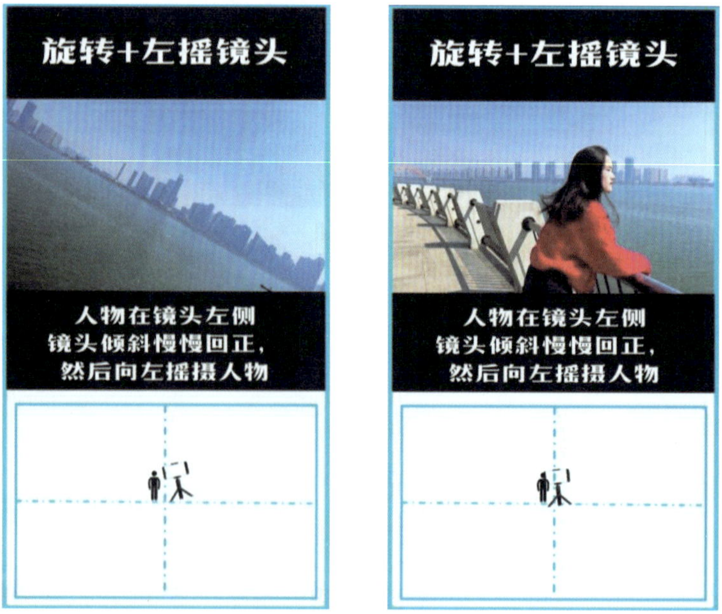

图 5-26　教学视频画面

【运镜实战】下面对旋转＋左摇镜头的拍摄步骤进行详细介绍。

Step 01 人物站立在镜头画面外的左侧，镜头倾斜一定角度拍摄右侧的景色，如图 5-27 所示。

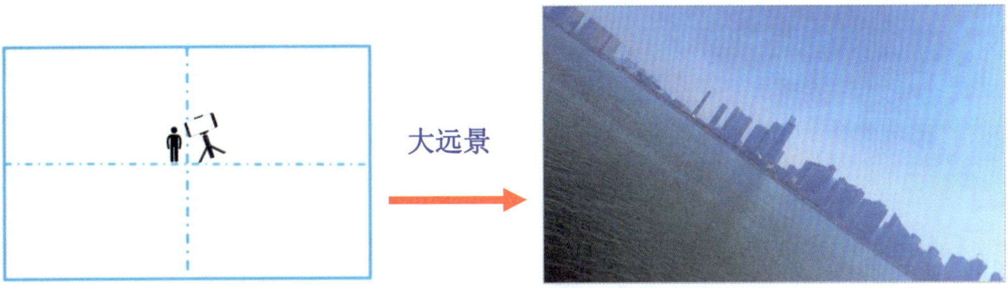

图 5-27　镜头倾斜一定角度拍摄右侧的景色

Step 02 镜头慢慢旋转回正并向左摇摄，人物逐渐出现在画面中，如图 5-28 所示。

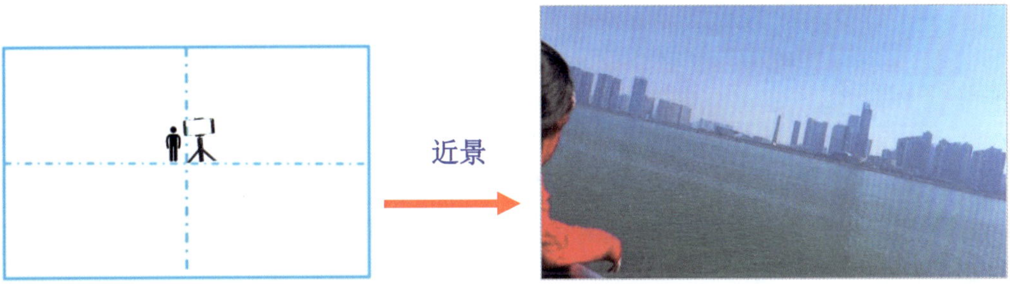

图 5-28　人物逐渐出现在画面中

Step 03 镜头继续旋转回正，并向左摇摄人物，如图 5-29 所示。

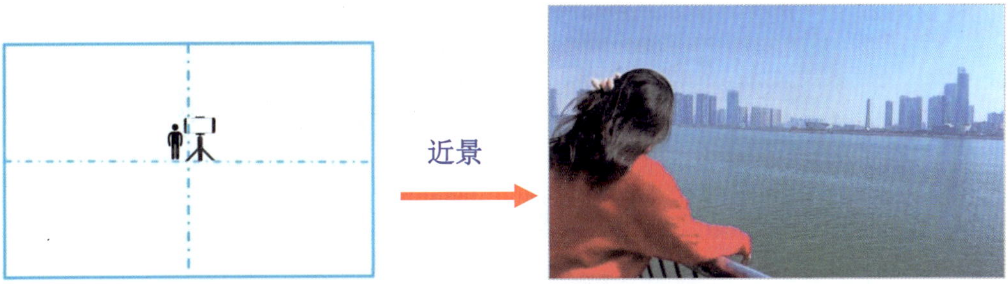

图 5-29　镜头继续旋转并向左摇摄人物

Step 04 镜头向左摇摄至能够清晰地展现出人物的神态，如图 5-30 所示。

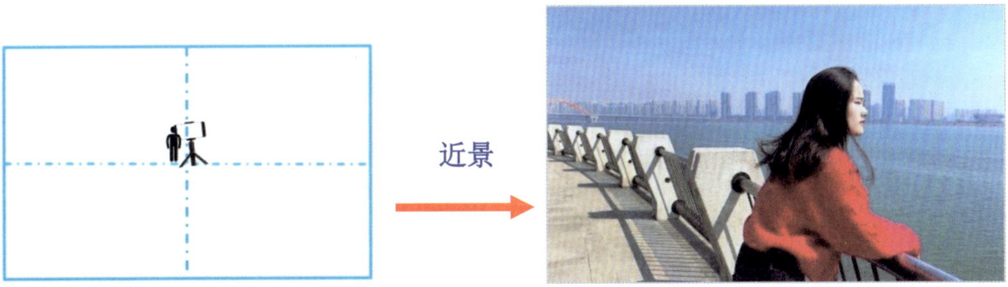

图 5-30　镜头能够清晰地展现出人物的神态

5.1.6 跟随＋斜线后拉镜头

跟随＋斜线后拉镜头是指镜头在人物的斜侧面跟随人物运动，且在跟随的过程中慢慢往后拉远。这组镜头是两种基础镜头同时进行，无先后顺序之分，可以从侧面展现人物的美以及反映出不同视角下的人物的运动状态。

跟随＋斜线后拉镜头

【效果展示】下面将介绍跟随＋斜线后拉镜头的拍摄方法，画面如图 5-31 所示。教学视频画面如图 5-32 所示。

图 5-31　跟随＋斜线后拉镜头画面

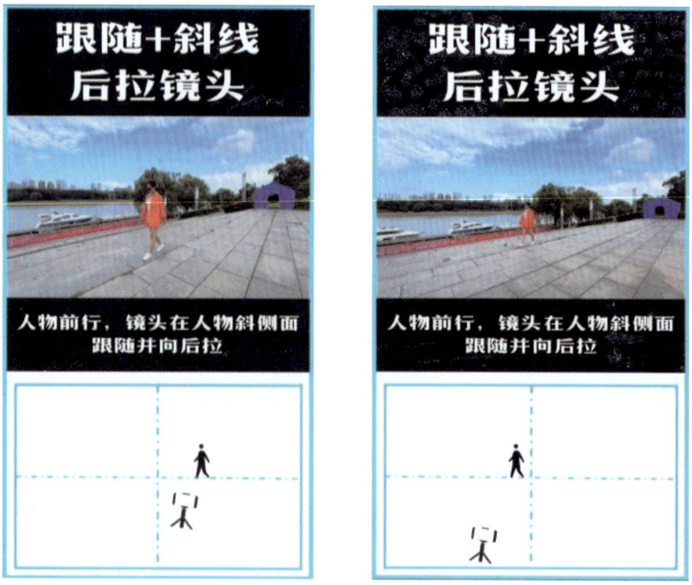

图 5-32　教学视频画面

【运镜实战】下面对跟随＋斜线后拉镜头的拍摄步骤进行详细介绍。

Step 01 选择一处背景干净且较为空旷的场地，人物保持匀速行走，镜头在人物的斜侧面预备跟随并后拉，如图 5-33 所示。

图 5-33 镜头在人物的斜侧面预备跟随并后拉

Step 02 人物继续行走，镜头在人物的斜侧面跟随并后拉，如图 5-34 所示。

图 5-34 镜头在人物的斜侧面跟随并后拉

Step 03 人物继续行走，镜头继续跟随并后拉，如图 5-35 所示。

图 5-35 镜头继续跟随并后拉

Step 04 人物仍在行走，镜头跟随并后拉至一定距离后结束拍摄，如图 5-36 所示。

图 5-36 镜头结束拍摄

5.1.7　运动环绕＋上移镜头

运动环绕＋上移镜头

运动环绕＋上移镜头是指镜头在环绕拍摄主体的过程中，边环绕边慢慢向上移动，以观察的视角来展现主体的不同方面。这组镜头适合于拍摄从人物背面环绕并上移至人物的正面，可以揭露人物的“面纱”，满足观众对人物的好奇心。

【效果展示】下面将介绍运动环绕＋上移镜头的拍摄方法，画面如图 5-37 所示。教学视频画面如图 5-38 所示。

图 5-37　运动环绕＋上移镜头画面

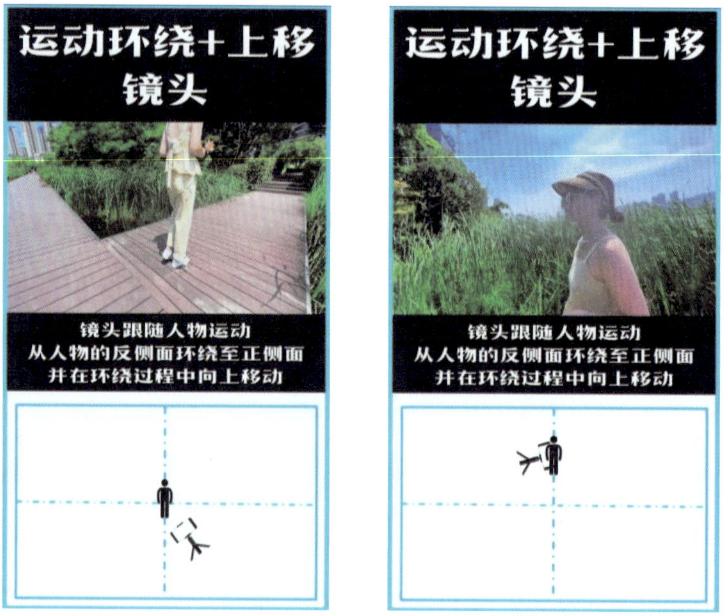

图 5-38　教学视频画面

【运镜实战】下面对运动环绕＋上移镜头的拍摄步骤进行详细介绍。

Step 01 人物直线行走，镜头在人物的反侧面拍摄，如图 5-39 所示。

图 5-39　镜头在人物的反侧面拍摄

Step 02 人物继续行走，镜头从人物的反侧面环绕并慢慢上移，拍摄人物的背面，如图 5-40 所示。

图 5-40　镜头环绕并上移拍摄人物的背面

Step 03 人物继续行走，镜头继续环绕并上移，拍摄人物的上半身侧面，如图 5-41 所示。

图 5-41　镜头拍摄人物的上半身侧面

Step 04 人物仍朝着同一方向行走，镜头环绕并上移至人物的正侧面，如图 5-42 所示。

图 5-42　镜头环绕并上移至人物的正侧面

5.2　三种或以上镜头组合的运镜

三种或以上镜头组合的运镜是指由至少三种入门级的运镜或基础运镜构成的运动镜头。这类运镜和前文介绍的镜头在拍摄思路和拍摄技巧上类似，但因为镜头的增加，相对而言会有所难度。希望读者认真学习本节的内容，并付诸实践。

5.2.1　降＋摇摄＋升镜头

降＋摇摄＋升镜头

降＋摇摄＋升镜头是由 3 种入门级镜头组合而成的。这组镜头可以用于展现画面的整体性与连贯性，给予观众现场感。本例中人物迎面朝着镜头方向走来，镜头慢慢下降揭示人物入场，与人物相遇后，摇摄至人物背面，再慢慢上升，暗示画面的结束。

【效果展示】下面将具体介绍降＋摇摄＋升镜头的拍摄方法，画面如图 5-43 所示。教学视频画面如图 5-44 所示。

图 5-43　降＋摇摄＋升镜头画面

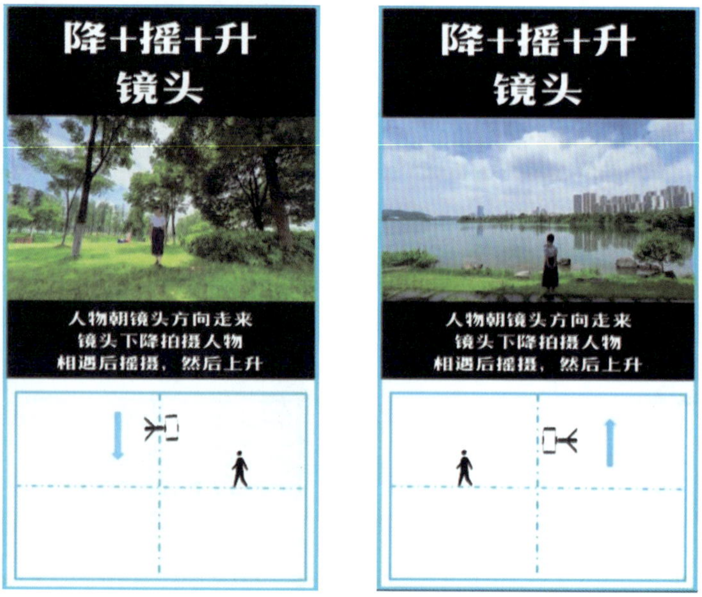

图 5-44　教学视频画面

【运镜实战】下面对降＋摇摄＋升镜头的拍摄步骤进行详细介绍。

Step 01 人物迎面朝着镜头走来，镜头慢慢下降拍摄人物全身，如图 5-45 所示。

图 5-45　镜头慢慢下降拍摄人物

Step 02 人物继续行走，镜头在与人物快要相遇时，开始摇摄，如图 5-46 所示。

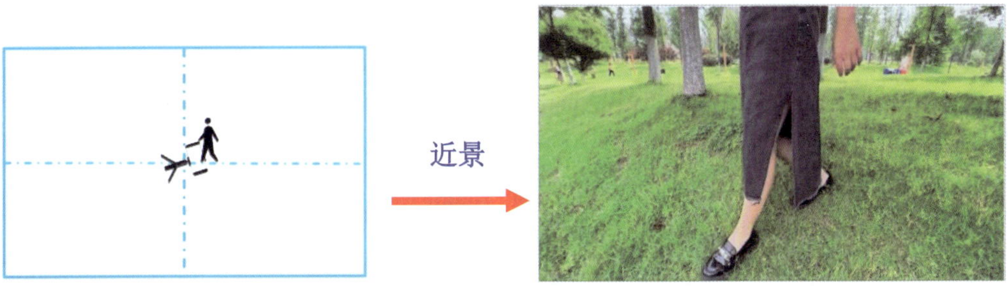

图 5-46　镜头开始摇摄

Step 03 人物保持行走，镜头慢慢摇摄至人物背面，如图 5-47 所示。

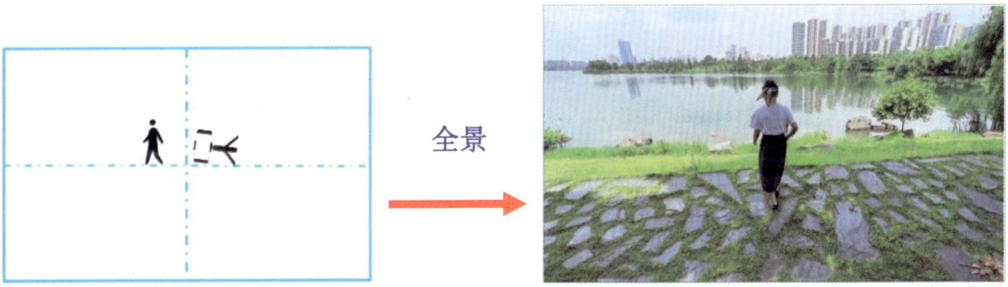

图 5-47　镜头开始摇摄至人物背面

Step 04 人物走到一定位置后，站立不动观望风景；镜头慢慢上升拍摄人物，如图 5-48 所示。

图 5-48　镜头慢慢上升拍摄人物

5.2.2 推＋环绕＋后拉镜头

推＋环绕＋后拉镜头

推＋环绕＋后拉镜头是指镜头先推近人物，然后以人物为中心环绕，之后再拉远。这组镜头由 3 种不同的基础性镜头构成，镜头在跟随人物运动的过程中，既可以由近及远地展现人物的面貌、着装等特征，又可以呈现人物的运动状态，给人流动的美感。

【效果展示】下面将具体介绍推＋环绕＋后拉镜头的拍摄方法，画面如图 5-49 所示。教学视频画面如图 5-50 所示。

图 5-49　推＋环绕＋后拉镜头画面

图 5-50　教学视频画面

【运镜实战】下面对推＋环绕＋后拉镜头的拍摄步骤进行详细介绍。

Step 01 人物背对镜头向前直行，镜头在人物的反侧面向前推近，如图 5-51 所示。

图 5-51　镜头在人物的反侧面向前推近

Step 02 人物继续前行，镜头以人物中心环绕并跟随人物，如图 5-52 所示。

图 5-52　镜头环绕并跟随人物

Step 03 人物保持同一方向前行，镜头环绕并跟随人物一周后，开始往后拉，如图 5-53 所示。

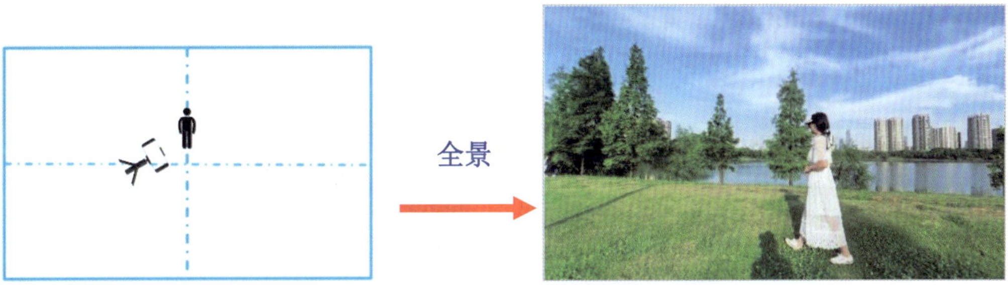

图 5-53　镜头开始往后拉

Step 04 人物继续前行，镜头继续往后拉，拉远与人物的距离，如图 5-54 所示。

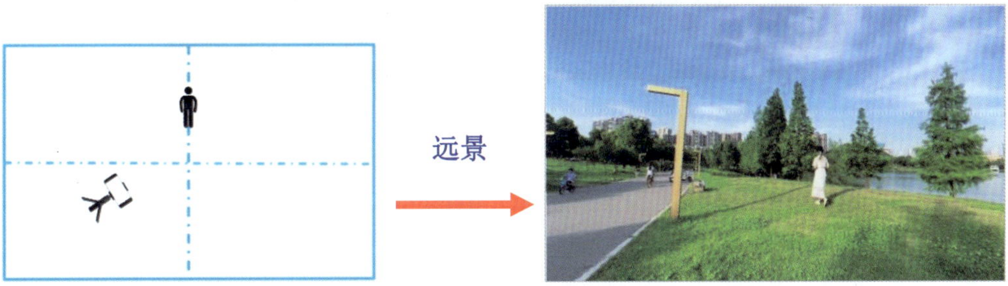

图 5-54　镜头拉远与人物的距离

5.2.3 跟＋升＋摇镜头

跟＋升＋摇镜头是指镜头在跟随人物运动的过程中，慢慢上升，然后摇摄周边的环境。这组镜头很容易使观众产生代入感，能够起到吸引观众兴趣的作用。本例中人物背对镜头前行，走到一定位置后侧身去欣赏风景；镜头先是跟随并从低角度上升拍摄人物，然后跟随人物的视线摇摄至风景，别有一番韵味。

跟＋升＋摇镜头

【效果展示】下面将具体介绍跟＋升＋摇镜头的拍摄方法，画面如图 5-55 所示。教学视频画面如图 5-56 所示。

图 5-55　跟＋升＋摇镜头画面

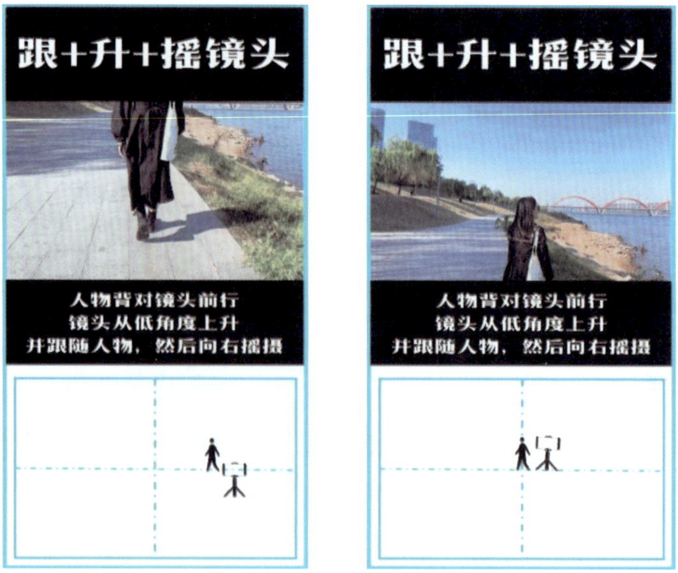

图 5-56　教学视频画面

【运镜实战】下面对跟＋升＋摇镜头的拍摄步骤进行详细介绍。

Step 01 人物背对镜头前行；镜头跟随人物，并在跟随的过程中，慢慢上升拍摄，如图 5-57 所示。

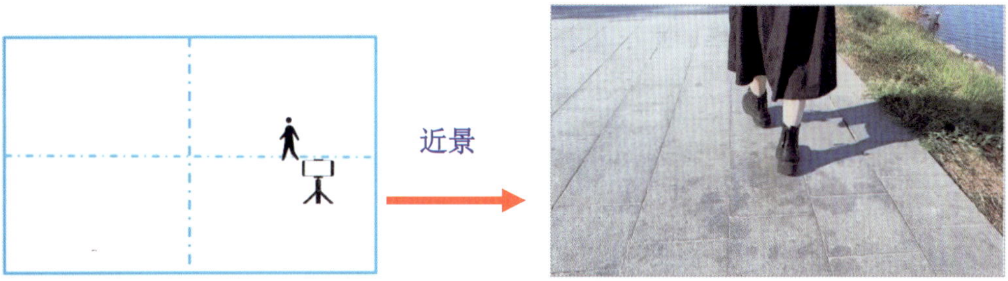

图 5-57　镜头跟随并上升拍摄人物

Step 02 人物继续前行，镜头继续跟随并上升拍摄人物，如图 5-58 所示。

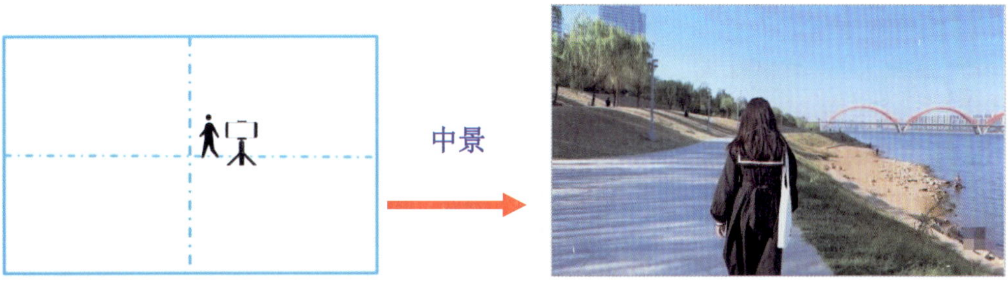

图 5-58　镜头继续跟随并上升拍摄人物

Step 03 人物前行到一定位置后，转身至右侧观赏风景；镜头不再上升，跟随人物视线向右摇摄，如图 5-59 所示。

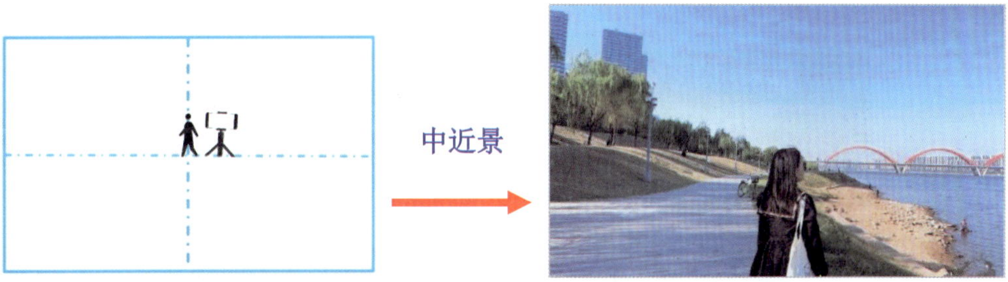

图 5-59　镜头向右摇摄

Step 04 镜头继续向右摇摄，以江面景色为拍摄主体，如图 5-60 所示。

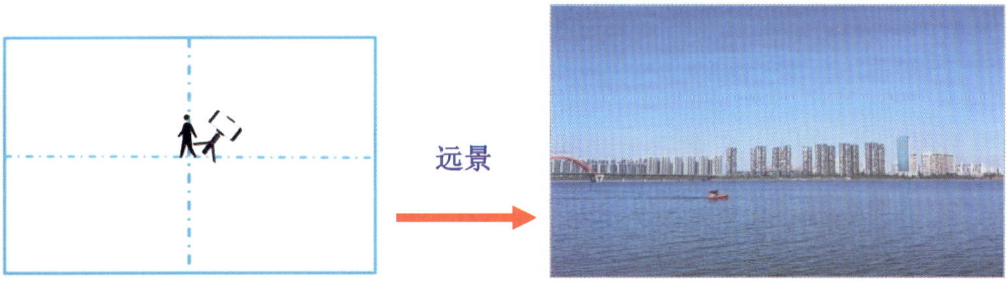

图 5-60　镜头以江面景色为拍摄主体

5.2.4　后拉＋摇摄＋跟随镜头

后拉＋摇摄＋跟随镜头

后拉＋摇摄＋跟随镜头是指人物走在弯曲的小道上，镜头后拉跟随人物运动，在人物转弯的地方摇摄人物，始终以人物为主体。本例中人物走在长亭下，镜头在人物的正面后拉跟随并摇摄人物，始终将人物放置在画面中心。

【效果展示】下面将具体介绍后拉＋摇摄＋跟随镜头的拍摄方法，画面如图 5-61 所示。教学视频画面如图 5-62 所示。

图 5-61　后拉＋摇摄＋跟随镜头画面

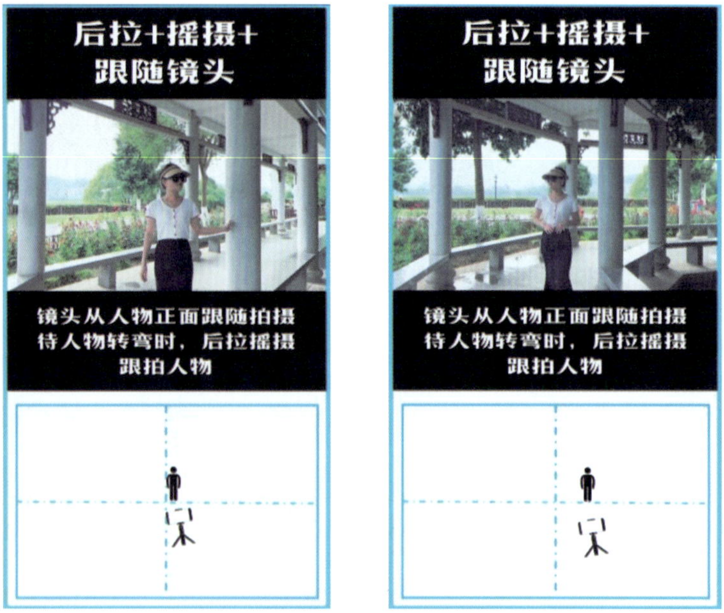

图 5-62　教学视频画面

【运镜实战】下面对后拉＋摇摄＋跟随镜头的拍摄步骤进行详细介绍。

Step 01 人物正对镜头前行，镜头微微后拉跟随人物，如图 5-63 所示。

图 5-63　镜头微微后拉跟随人物

Step 02 人物转弯时，镜头后拉并摇摄跟随人物，如图 5-64 所示。

图 5-64　镜头后拉并摇摄跟随人物

Step 03 人物仍在前行，镜头继续后拉摇摄并跟随人物，如图 5-65 所示。

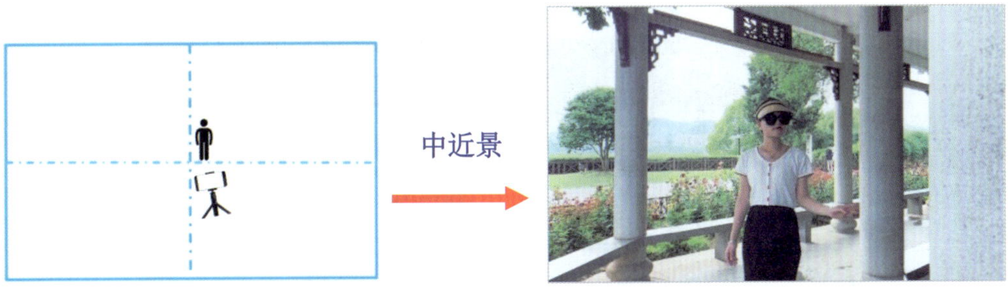

图 5-65　镜头继续后拉摇摄并跟随人物

Step 04 镜头后拉跟随至一定距离后结束拍摄，如图 5-66 所示。

图 5-66　镜头后拉跟随至一定距离后结束拍摄

5.2.5 旋转＋下摇＋跟随镜头

旋转＋下摇＋跟随镜头是指镜头从上往下慢慢旋转摇摄，然后跟随人物。这组镜头前两个镜头是同步进行的，然后再进行后一个镜头。本例中人物背对镜头前行，镜头先从天空旋转下降并摇摄回正，然后再跟随人物前行。

旋转＋下摇＋跟随镜头

【效果展示】下面将具体介绍旋转＋下摇＋跟随镜头的拍摄方法，画面如图 5-67 所示。教学视频画面如图 5-68 所示。

图 5-67　旋转＋下摇＋跟随镜头画面

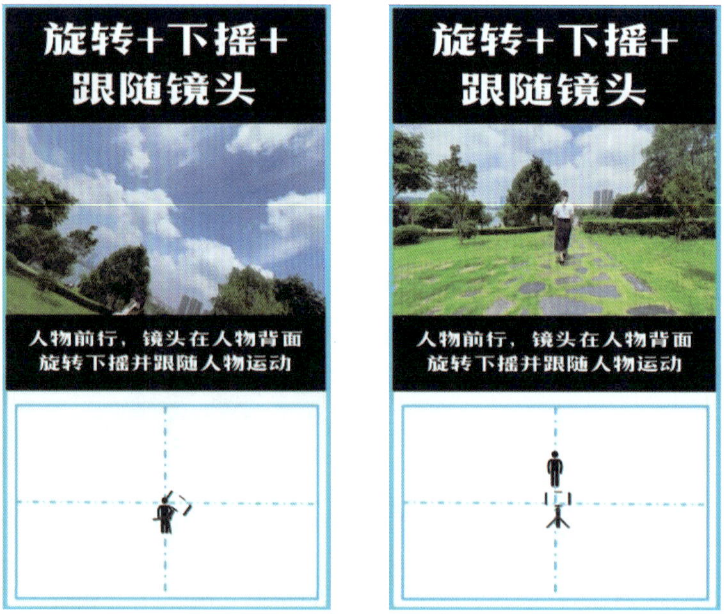

图 5-68　教学视频画面

【运镜实战】下面对旋转＋下摇＋跟随镜头的拍摄步骤进行详细介绍。

Step 01 人物背对镜头向前行走，镜头旋转一定角度拍摄人物上方的天空，如图 5-69 所示。

图 5-69　镜头旋转拍摄天空

Step 02 人物继续前行，镜头慢慢旋转并下摇拍摄人物，如图 5-70 所示。

图 5-70　镜头慢慢旋转并下摇拍摄人物

Step 03 人物仍在前行，镜头旋转下摇回正后，跟随人物前行，如图 5-71 所示。

图 5-71　镜头继续往后拉

Step 04 镜头跟随人物，至一定距离后结束拍摄，如图 5-72 所示。

图 5-72　镜头跟随至一定距离后结束拍摄

5.2.6 正面跟＋摇摄＋背面跟镜头

正面跟＋摇摄＋背面跟镜头是指人物前行时，镜头在人物的正面跟随拍摄，然后再摇摄至人物的背面跟随拍摄。这组镜头可以比较全面与连贯地展现人物的运动状态、表情、着装、动作等，能够给观众留下深刻的印象。

正面跟＋摇摄＋背面跟镜头

【效果展示】下面将介绍正面跟＋摇摄＋背面跟镜头的拍摄方法，画面如图 5-73 所示。教学视频画面如图 5-74 所示。

图 5-73　正面跟＋摇摄＋背面跟镜头画面

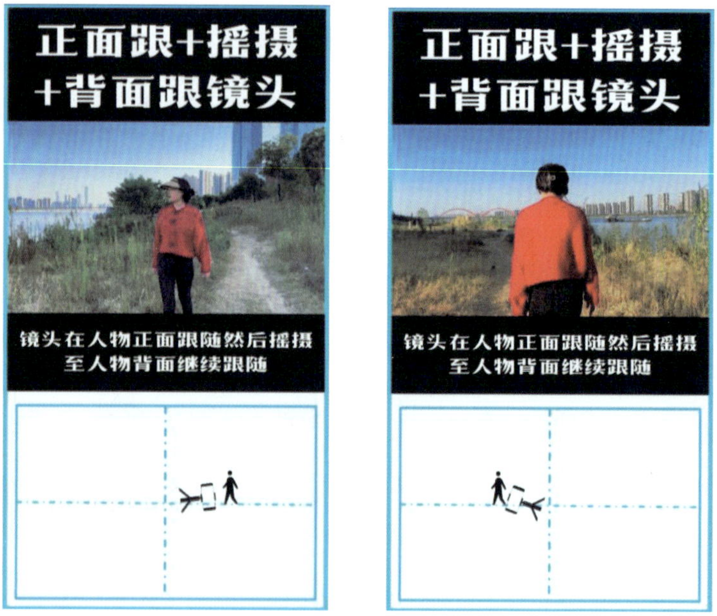

图 5-74　教学视频画面

【运镜实战】下面对正面跟＋摇摄＋背面跟镜头的拍摄步骤进行详细介绍。

Step 01 人物正对前行，镜头倒退跟随人物运动，如图 5-75 所示。

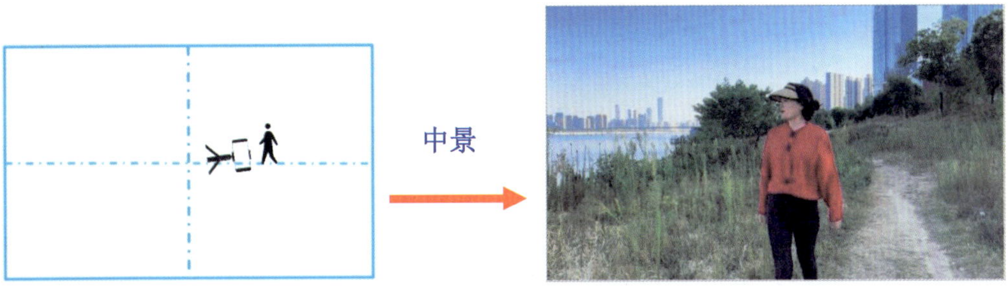

图 5-75　镜头倒退跟随人物运动

Step 02 人物继续前行，镜头跟随一定距离后开始向人物背面摇摄，如图 5-76 所示。

图 5-76　镜头开始向人物背面摇摄

Step 03 人物保持前行，镜头继续摇摄至人物背面，如图 5-77 所示。

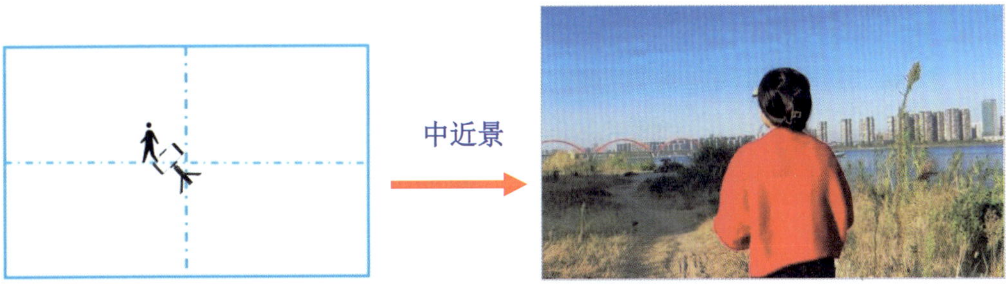

图 5-77　镜头继续摇摄至人物背面

Step 04 人物仍保持同一方向行走，镜头在人物背面跟随人物，如图 5-78 所示。

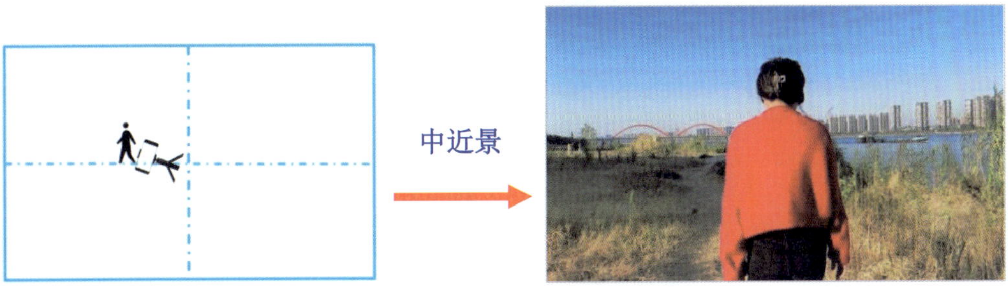

图 5-78　镜头在人物背面跟随人物

5.2.7 上移＋跟随＋环绕＋下降镜头

上移＋跟随＋环绕＋下降镜头是由 4 种基础性的镜头组合而成的，具体指镜头从低角度向上移动并跟随人物，然后环绕一定角度后下降。这组镜头能够连贯地展现人物的运动状态。

上移＋跟随＋环绕＋下降镜头

【效果展示】下面具体介绍上移＋跟随＋环绕＋下降镜头的拍摄方法，画面如图 5-79 所示。教学视频画面如图 5-80 所示。

图 5-79　上移＋跟随＋环绕＋下降镜头画面

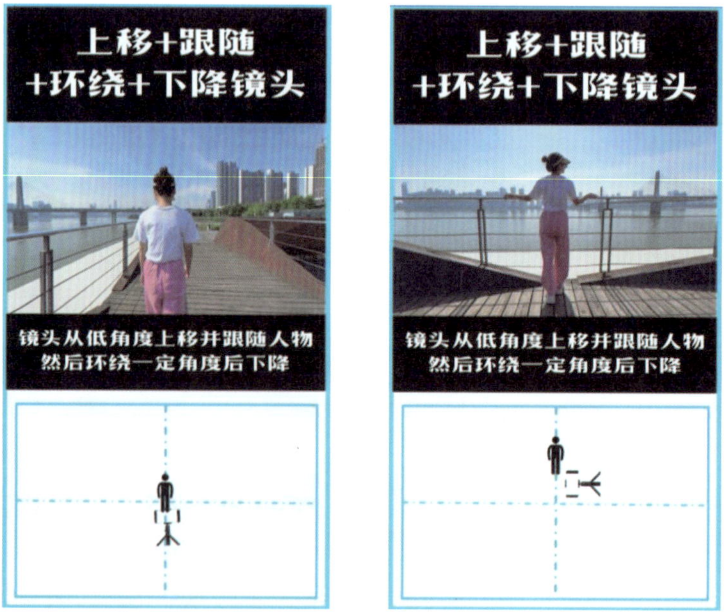

图 5-80　教学视频画面

【运镜实战】下面对上移＋跟随＋环绕＋下降镜头的拍摄步骤进行详细介绍。

Step 01 人物背对镜头向前行走，镜头从低角度上移并跟随人物，如图 5-81 所示。

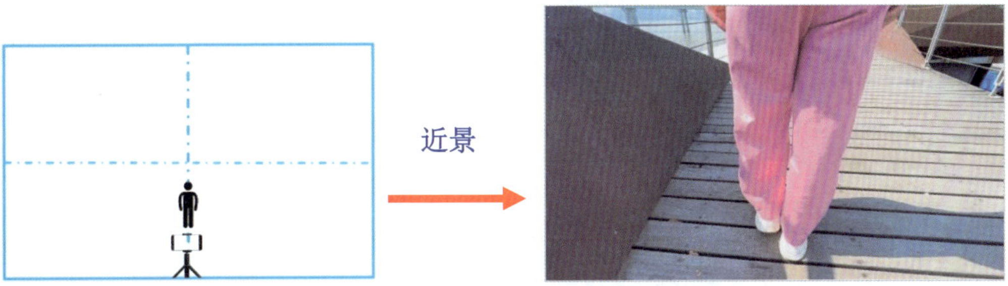

图 5-81　镜头从低角度上移并跟随人物

Step 02 人物继续前行，镜头继续上移并跟随，如图 5-82 所示。

图 5-82　镜头继续上移并跟随

Step 03 人物前行到一定位置后，不再前行转身观赏风景；镜头环绕一定角度，如图 5-83 所示。

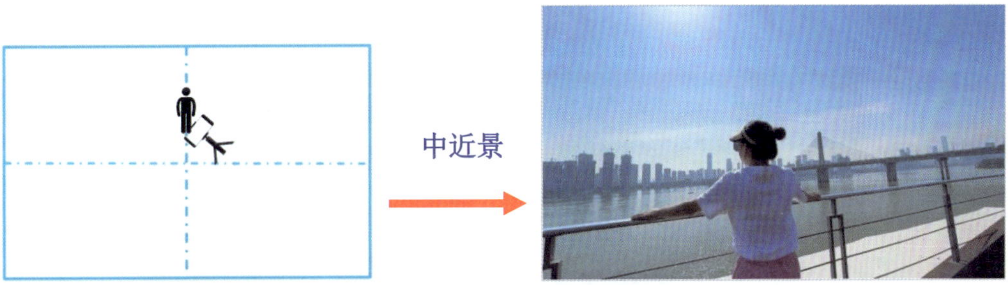

图 5-83　镜头环绕一定角度

Step 04 人物继续观赏风景，镜头继续环绕至人物背面后，慢慢下降拍摄人物全身，如图 5-84 所示。

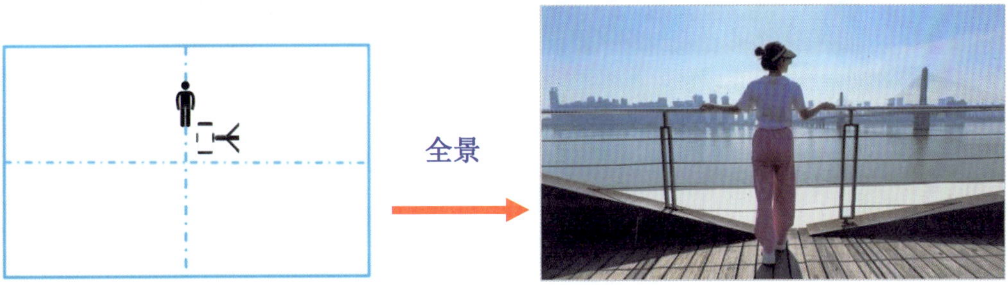

图 5-84　镜头慢慢下降拍摄人物全身

5.2.8 横移＋摇摄＋上升＋跟随镜头

横移＋摇摄＋上升＋跟随镜头

横移＋摇摄＋上升＋跟随镜头是指镜头从前景横移并摇摄人物，然后上升并跟随人物。这组运镜可以用横移镜头来揭示人物出场，上升镜头来暗示画面的结束，具有整体性与连贯性。

【效果展示】下面具体介绍横移＋摇摄＋上升＋跟随镜头的拍摄方法，画面如图 5-85 所示。教学视频画面如图 5-86 所示。

图 5-85　横移＋摇摄＋上升＋跟随镜头画面

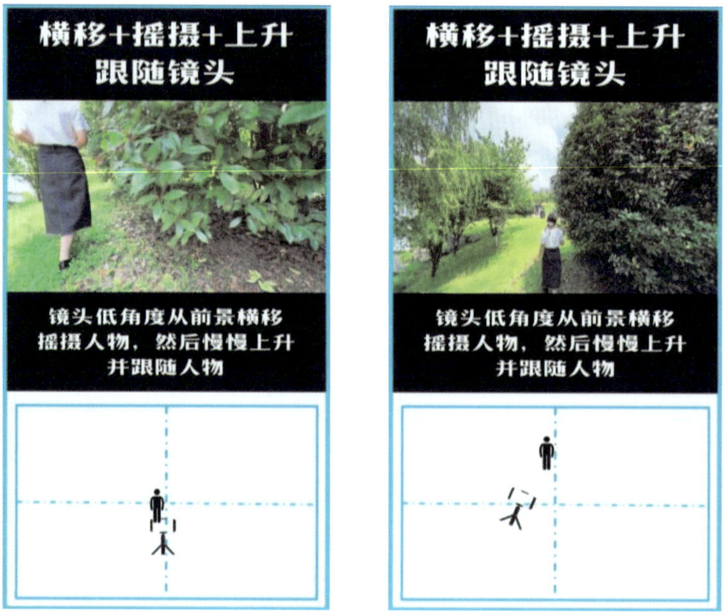

图 5-86　教学视频画面

【运镜实战】下面对横移＋摇摄＋上升＋跟随镜头的拍摄步骤进行详细介绍。

Step 01 人物在镜头的左侧向前行走，镜头从低角度拍摄右侧的前景，如图 5-87 所示。

图 5-87　镜头从低角度拍摄右侧的前景

Step 02 人物继续前行，镜头继续向左横移并摇摄人物，如图 5-88 所示。

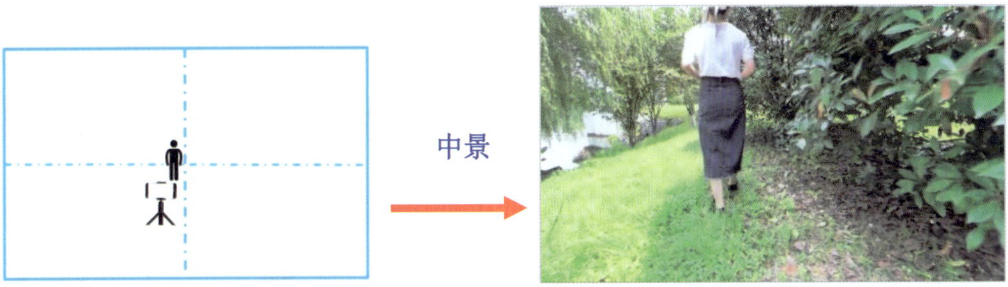

图 5-88　镜头继续向左横移并摇摄人物

Step 03 人物保持前行，镜头慢慢上升并跟随人物，如图 5-89 所示。

图 5-89　镜头慢慢上升并跟随人物

Step 04 人物仍向前行，镜头继续上升俯拍并跟随人物，如图 5-90 所示。

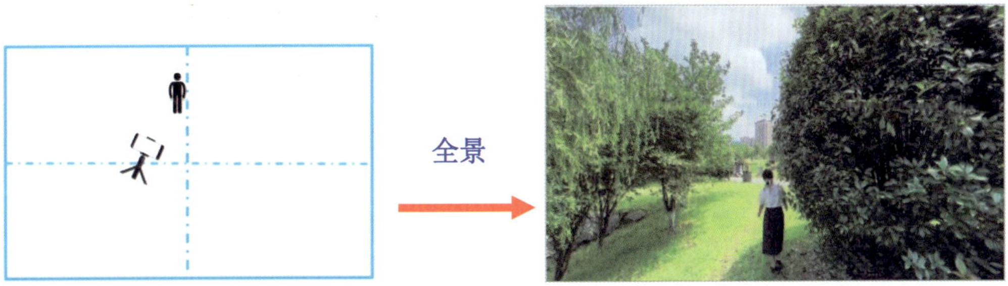

图 5-90　镜头继续上升俯拍并跟随人物

本 章 小 结

本章主要介绍了 15 种组合运镜的拍摄方法，包括两种基础性镜头组合而成的运镜和 3 种或 3 种以上基础性镜头组合而成的运镜，以步骤拆解和视频教学的方式详细地给读者讲解拍摄方法。希望通过本章的学习，读者能学以致用，多多实践，真正地掌握好运镜技巧。

课 后 习 题

课后习题

鉴于本章知识的重要性，为了帮助读者更好地掌握所学知识，本节将通过课后习题，帮助读者进行简单的知识回顾和补充。

本习题需要读者巩固推＋跟镜头的拍摄方法，效果展示如图 5-91 所示。教学视频画面如图 5-92 所示。

图 5-91　推＋跟镜头画面

图 5-92　教学视频画面

第 6 章
提升运镜的 8 种常用镜头

常用镜头是指拍摄一个完整的、内容丰富的短视频时常能够使用到的镜头。这里将其分为两大类镜头：一是适用于视频开场时使用的运镜；二是适用于视频结束时使用的运镜。本章将主要介绍 5 种视频开场的镜头和 3 种视频结束的镜头。

本章重点

- 掌握 8 种常用镜头的拍摄方法
- 学以致用，多加实战巩固

6.1　适用于视频开场的运镜

视频开场往往是揭示主要人物的出场，对人物的面部表情、衣着、动作等要素进行简要的介绍。常用作视频开场的运动镜头有水平摇摄镜头、过肩下移＋后拉镜头、环绕跟摇镜头、下降前推镜头等。本节将主要介绍这些镜头。

6.1.1　水平摇摄镜头

水平摇摄镜头

水平摇摄镜头是指镜头从一个主体摇摄到另一个主体的运镜拍摄方法。通常情况下，另一个主体为人物，人物在镜头的左侧或者右侧，镜头先拍摄另一侧的风景，然后摇摄至人物上，揭示人物的出场。

【效果展示】下面将介绍水平摇摄镜头的拍摄方法，画面如图 6-1 所示。教学视频画面如图 6-2 所示。

图 6-1　水平摇摄镜头画面

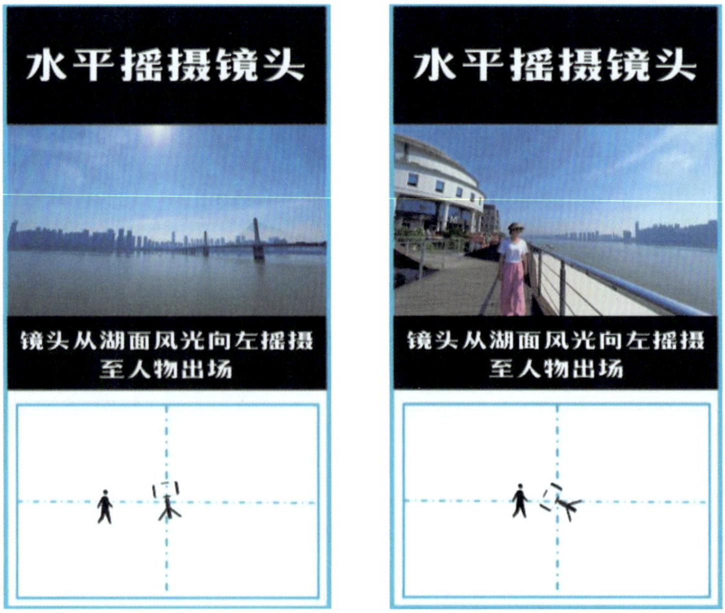

图 6-2　教学视频画面

【**运镜实战**】下面对水平摇摄镜头的拍摄步骤进行详细介绍。

Step 01 人物在镜头画面外的左侧走动，镜头拍摄右侧的风景，如图 6-3 所示。

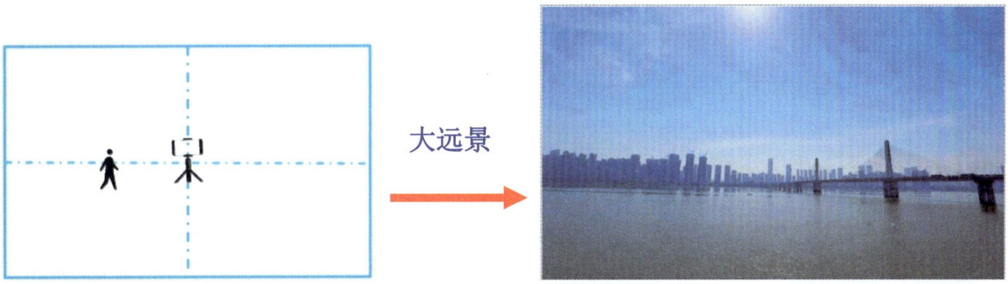

图 6-3　镜头拍摄右侧的风景

Step 02 人物继续走动，镜头从右往左摇摄，如图 6-4 所示。

图 6-4　镜头从右往左摇摄

Step 03 人物保持运动，镜头继续向左摇摄，画面中出现人物的上半身，如图 6-5 所示。

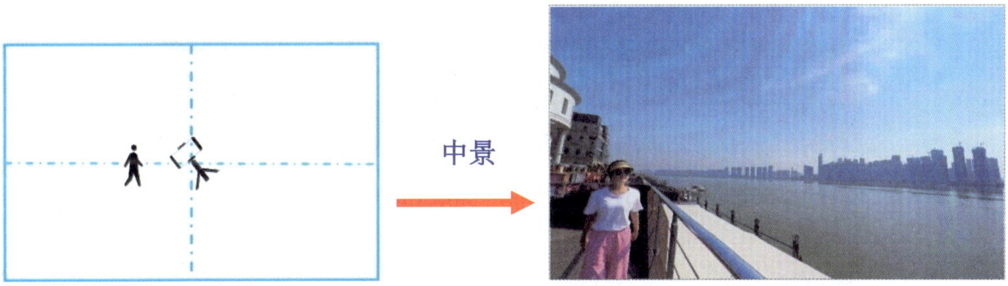

图 6-5　画面中出现人物的上半身

Step 04 镜头继续向左摇摄，直至人物大致位于画面中心后不再摇摄，如图 6-6 所示。

图 6-6　镜头继续摇摄至人物大致位于画面中心

6.1.2　过肩下移＋后拉镜头

过肩下移＋后拉镜头

过肩下移＋后拉镜头是指人物背对镜头，镜头越过人物的肩膀，然后微微向下移动，接着再往后拉拍摄人物全身。当镜头在往后拉的时候，人物转身正对镜头，这样就能起到一个揭示人物出场的作用。

【效果展示】下面将介绍过肩下移＋后拉镜头的拍摄方法，画面如图 6-7 所示。教学视频画面如图 6-8 所示。

图 6-7　过肩下移＋后拉镜头画面

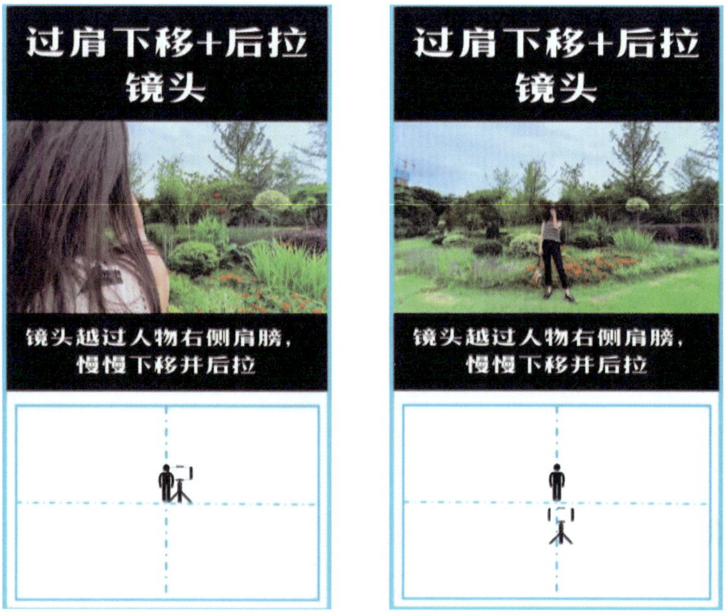

图 6-8　教学视频画面

【**运镜实战**】下面对过肩下移＋后拉镜头的拍摄步骤进行详细介绍。

Step 01 人物背对镜头站立，镜头越过人物的右侧肩膀，如图 6-9 所示。

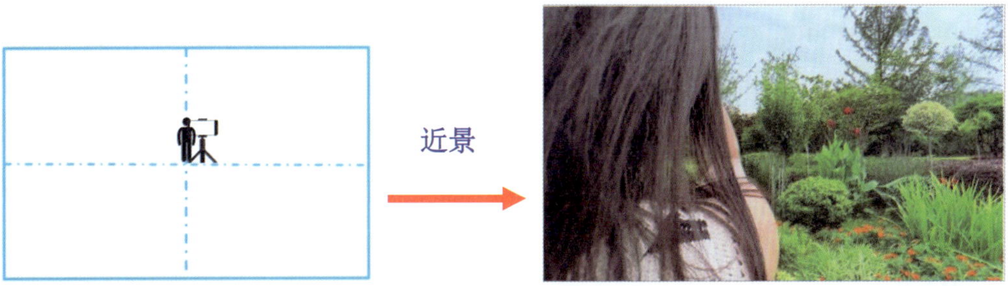

图 6-9 镜头越过人物的右侧肩膀

Step 02 镜头越过人物的肩膀后微微下移拍摄人物上半身，如图 6-10 所示。

图 6-10 镜头微微下移拍摄人物上半身

Step 03 镜头开始往后拉，人物转身正对镜头，如图 6-11 所示。

图 6-11 人物转身正对镜头

Step 04 镜头继续后拉拍摄人物全身，如图 6-12 所示。

图 6-12 镜头继续后拉拍摄人物全身

6.1.3 环绕跟摇镜头

环绕跟摇镜头是指人物沿着半环绕式轨迹行走，镜头跟随并摇摄人物。这一镜头从人物出现开始跟拍人物，可以起到揭示人物出场以及拍摄人物更多细节的作用。本例中是人物沿着道路上的半圆线条行走，镜头跟拍人物即可，拍摄者不用移动位置。

环绕跟摇镜头

【效果展示】下面将介绍环绕跟摇镜头的拍摄方法，画面如图 6-13 所示。教学视频画面如图 6-14 所示。

图 6-13　环绕跟摇镜头画面

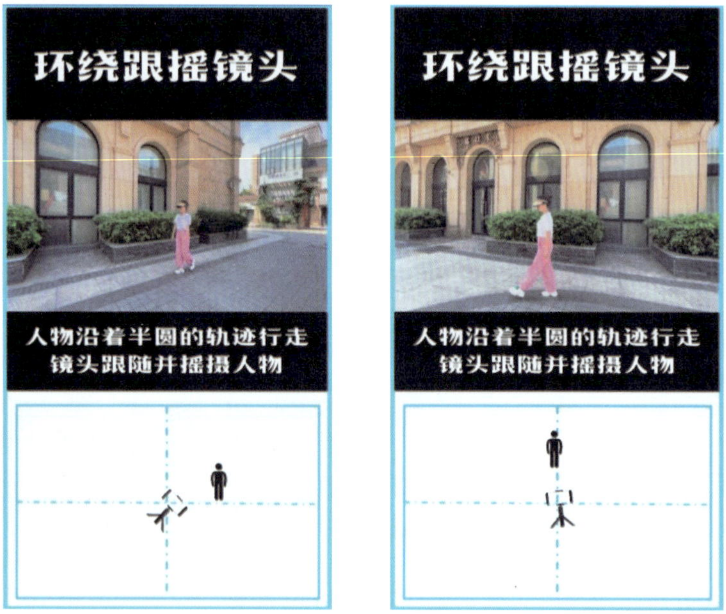

图 6-14　教学视频画面

【运镜实战】下面对环绕跟摇镜头的拍摄步骤进行详细介绍。

Step 01 人物沿着道路上的半圆线行走，镜头先在右侧拍摄人物，如图 6-15 所示。

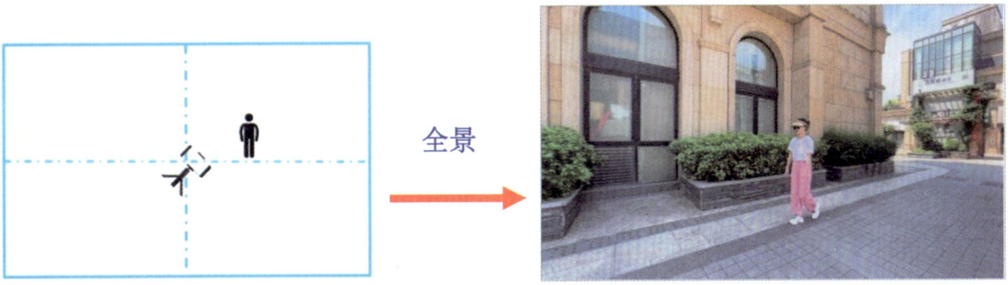

图 6-15　镜头先在右侧拍摄人物

Step 02 人物从右往左半环绕式行走，镜头跟随并摇摄人物，如图 6-16 所示。

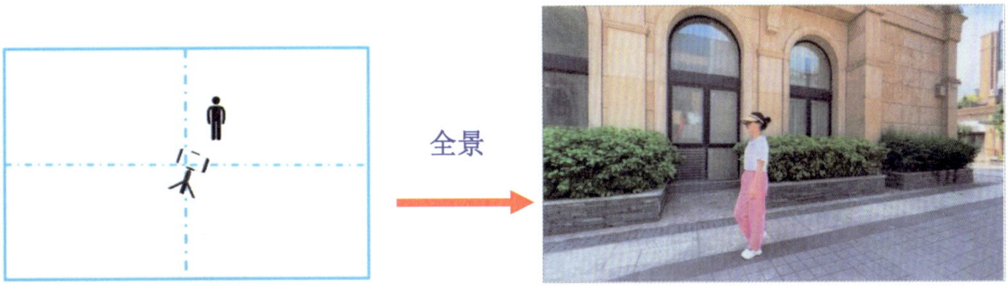

图 6-16　镜头跟随并摇摄人物

Step 03 人物保持行走，镜头继续跟摇拍摄人物，如图 6-17 所示。

图 6-17　镜头继续跟摇拍摄人物

Step 04 镜头跟摇拍摄人物环绕半周后结束拍摄，如图 6-18 所示。

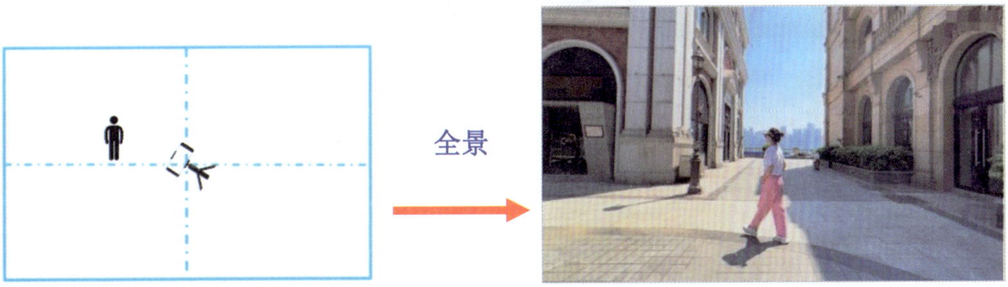

图 6-18　镜头跟摇拍摄人物环绕半周后结束拍摄

6.1.4 下降前推镜头

下降前推镜头是指镜头从高处下降，并在下降的过程中慢慢推近拍摄人物。这个镜头拍摄的画面由一个主体下降推向另一个主体，可以用作交代人物的出场，从而推进视频后续的发展。本例中，人物先背对镜头站立，镜头慢慢下降并推近人物，然后人物转身正对镜头，镜头推近拍摄人物上半身。

下降前推镜头

【效果展示】下面将介绍下降前推镜头的拍摄方法，画面如图 6-19 所示。教学视频画面如图 6-20 所示。

图 6-19　下降前推镜头画面

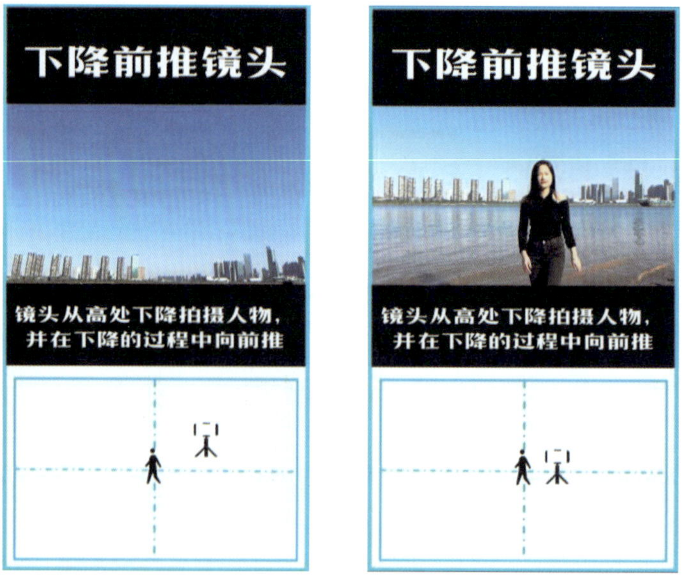

图 6-20　教学视频画面

【运镜实战】下面对下降前推镜头的拍摄步骤进行详细介绍。

Step 01 人物背对镜头站立，镜头与人物保持一定的距离，拍摄人物上方的景色，如图 6-21 所示。

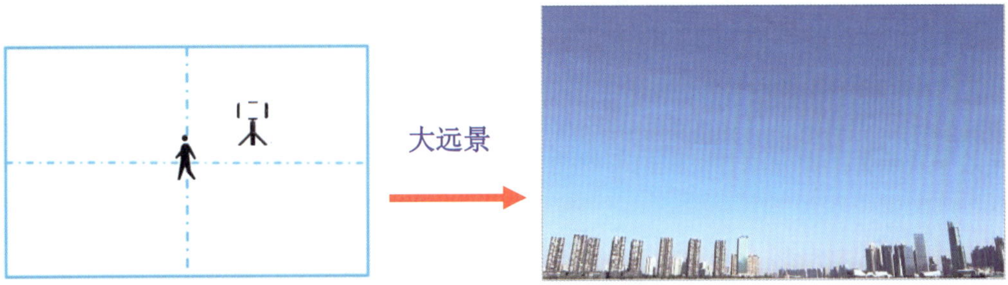

图 6-21　镜头拍摄人物上方的景色

Step 02 镜头慢慢下降并向前推近人物，如图 6-22 所示。

图 6-22　镜头慢慢下降并推近人物

Step 03 镜头继续下降并推近至一定距离后，人物转身正对镜头，如图 6-23 所示。

图 6-23　人物转身正对镜头

Step 04 镜头继续下降并推近人物，拉近与人物之间的距离，如图 6-24 所示。

图 6-24　镜头拉近与人物之间的距离

6.1.5　背面跟拍＋摇摄＋正面跟拍镜头

背面跟拍＋摇摄＋正面跟拍镜头

背面跟拍＋摇摄＋正面跟拍镜头是指人物前行时，镜头先在人物背面跟拍人物，然后摇摄到人物正面继续跟拍。这组镜头以拍摄人物的背面开始，到拍摄人物的正面结束，可以起到揭开人物神秘的面纱的作用，用于视频开场，可以介绍人物以及暗示人物的去向。

【效果展示】下面介绍背面跟拍＋摇摄＋正面跟拍镜头的拍摄方法，画面如图 6-25 所示。教学视频画面如图 6-26 所示。

图 6-25　背面跟拍＋摇摄＋正面跟拍镜头画面

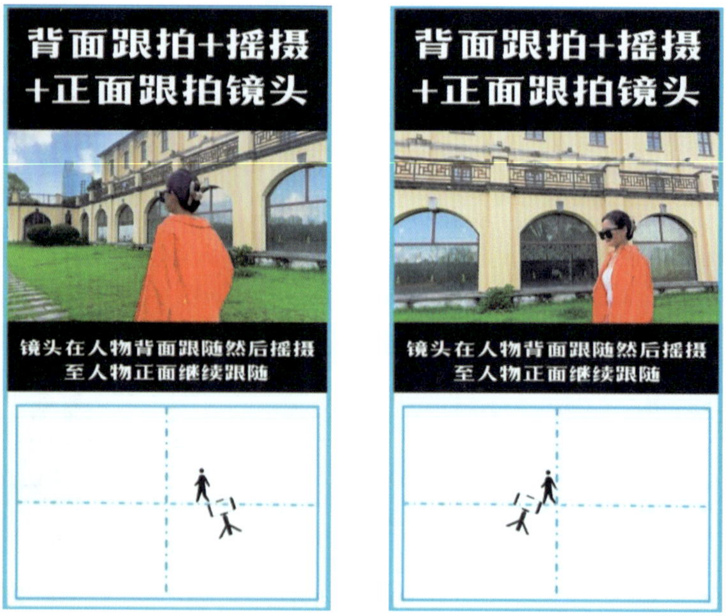

图 6-26　教学视频画面

【运镜实战】下面对背面跟拍＋摇摄＋正面跟拍镜头的拍摄步骤进行详细介绍。

Step 01 人物背对镜头前行，镜头在人物的背面跟随拍摄，如图 6-27 所示。

图 6-27　镜头在人物的背面跟随拍摄

Step 02 人物继续行走，镜头从人物的背面慢慢摇摄至人物的侧面，如图 6-28 所示。

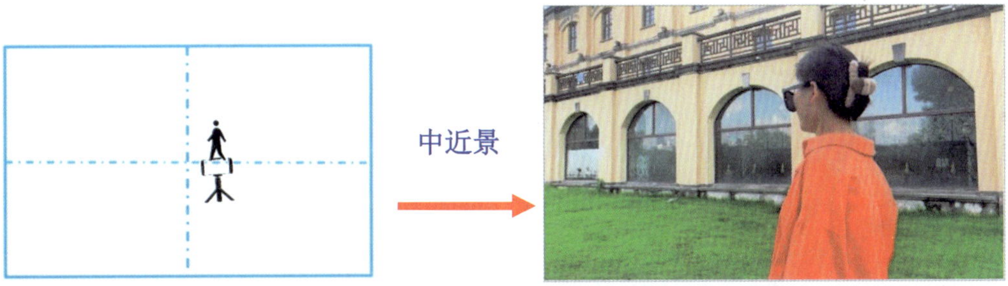

图 6-28　镜头慢慢摇摄至人物的侧面

Step 03 人物仍在前行，镜头继续摇摄至人物的正面，如图 6-29 所示。

图 6-29　镜头继续摇摄至人物的正面

Step 04 人物保持前行方向不变，镜头在人物正面跟拍人物，如图 6-30 所示。

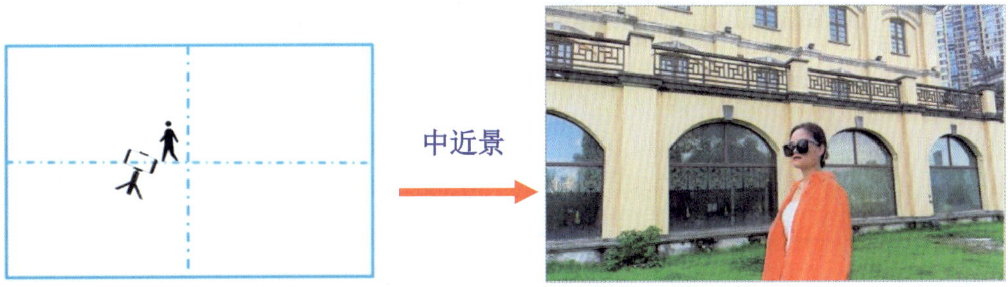

图 6-30　镜头在人物正面跟拍人物

6.2 适用于视频收尾的运镜

视频收尾的运镜是指可以用于暗示视频快要结束的镜头，与开场镜头的作用相同，能够起到连贯和丰富视频画面的作用。通常情况下，适用于视频收尾的运镜有下降后拉镜头、固定镜头连接摇摄镜头、反向跟随+环绕后拉镜头。本节主要介绍这 3 种镜头。

6.2.1 下降后拉镜头

下降后拉镜头

下降后拉镜头是指人物背对镜头向前行走，镜头从高处慢慢下降，并在下降的过程中往后拉远。这个镜头主要用于向后拉远来形成镜像小的效果，从而暗示视频快要结束了，给观众一些心理准备。

【效果展示】下面将具体介绍下降后拉镜头的拍摄方法，画面如图 6-31 所示。教学视频画面如图 6-32 所示。

图 6-31　下降后拉镜头画面

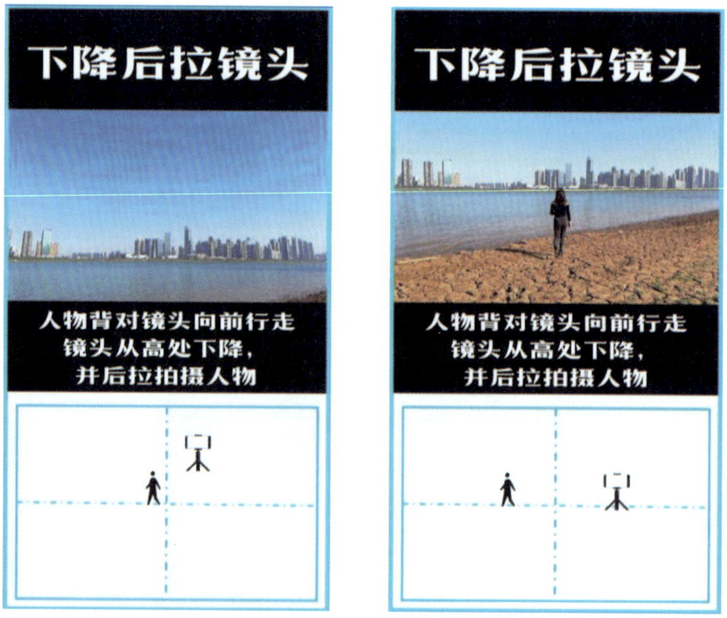

图 6-32　教学视频画面

【运镜实战】下面对下降后拉镜头的拍摄步骤进行详细介绍。

Step 01 人物在镜头下方背对镜头欲前行，镜头拍摄高处的景色，如图 6-33 所示。

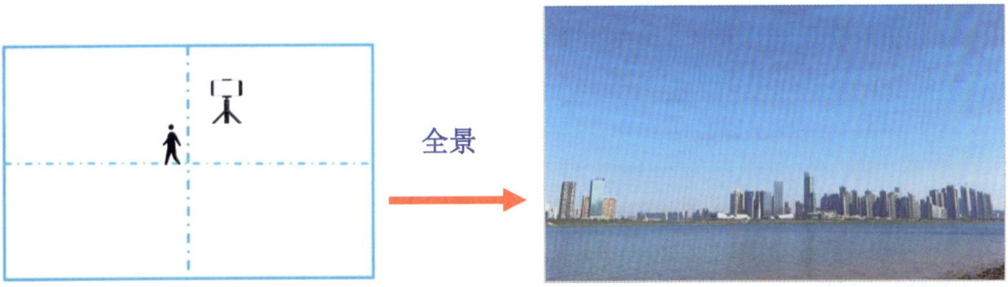

图 6-33　镜头拍摄高处的景色

Step 02 人物前行，镜头慢慢下降并后拉拍摄人物上半身，如图 6-34 所示。

图 6-34　镜头慢慢下降并后拉拍摄人物上半身

Step 03 人物继续前行，镜头继续下降并后拉，如图 6-35 所示。

图 6-35　镜头继续下降并后拉

Step 04 人物走到一定位置后，不再前行；镜头下降后拉至一定距离后停止拍摄，如图 6-36 所示。

图 6-36　镜头下降后拉至一定距离后停止拍摄

6.2.2　固定镜头连接摇摄镜头

固定镜头连接摇摄镜头是指拍摄两段镜头拼接而成的运镜，第一个镜头是镜头固定不动拍摄人物上半身；第二个镜头摇摄跟拍人物全身。这组镜头的连贯性和整体性很强，用于视频收尾比较有巧思。

固定镜头连接摇摄镜头

【效果展示】下面将具体介绍固定镜头连接摇摄镜头的拍摄方法，画面如图 6-37 所示。教学视频画面如图 6-38 所示。

图 6-37　固定镜头连接摇摄镜头画面

图 6-38　教学视频画面

【运镜实战】下面对固定镜头连接摇摄镜头的拍摄步骤进行详细介绍。

Step 01 人物从左往右行走，镜头固定不动拍摄，如图 6-39 所示。

图 6-39　镜头固定不动拍摄

Step 02 人物继续前行，镜头继续固定拍摄人物快要走出画面，如图 6-40 所示。

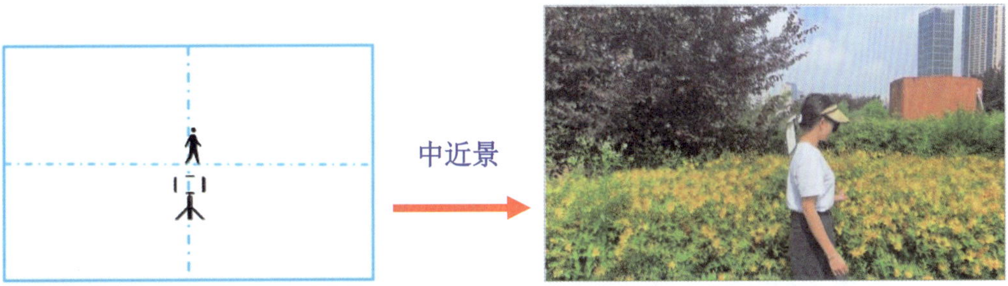

图 6-40　镜头继续固定拍摄人物快要走出画面

Step 03 人物同一方向前行，镜头摇摄跟拍人物全身，如图 6-41 所示。

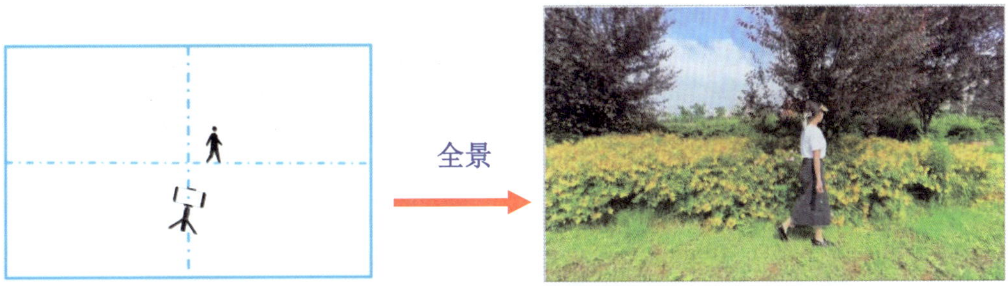

图 6-41　镜头摇摄跟拍人物全身

Step 04 镜头摇摄跟拍人物走远，如图 6-42 所示。

图 6-42　镜头继续摇摄跟拍人物走远

6.2.3　反向跟随＋环绕后拉镜头

反向跟随＋环绕后拉镜头是指人物前行时，镜头在人物的正面反向跟随人物一段时间，然后环绕并后拉至人物的背面，拉远与人物的距离。这个镜头在环绕的同时进行后拉，画面中的人物镜像越来越小，表示镜头快要结束。

反向跟随＋环绕后拉镜头

【效果展示】下面将具体介绍反向跟随＋环绕后拉的拍摄方法，画面如图 6-43 所示。教学视频画面如图 6-44 所示。

图 6-43　反向跟随＋环绕后拉画面

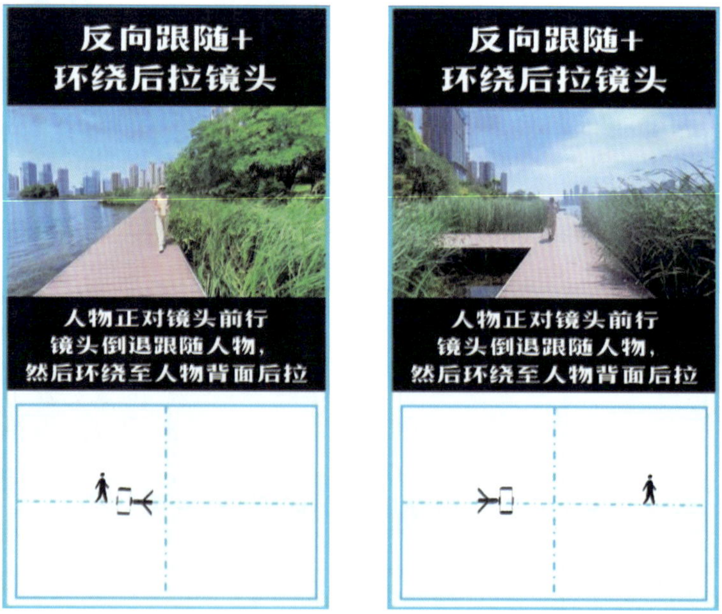

图 6-44　教学视频画面

【运镜实战】下面对反向跟随＋环绕后拉的拍摄步骤进行详细介绍。

Step 01 人物前行，镜头在人物正面反向跟随拍摄，如图 6-45 所示。

图 6-45　镜头在人物正面反向跟随拍摄

Step 02 人物继续前行，镜头跟随人物一段时间后，开始向人物背面环绕，如图 6-46 所示。

图 6-46　镜头开始向人物背面环绕

Step 03 人物保持前行，镜头一边环绕一边后拉至人物背面，如图 6-47 所示。

图 6-47　镜头一边环绕一边后拉至人物背面

Step 04 人物继续前行，镜头继续后拉至人物走远，如图 6-48 所示，暗示视频画面快要结束。

图 6-48　镜头继续后拉至人物走远

本章小结

本章主要介绍了 8 种常用运镜的拍摄方法，包括适用于视频开场和视频结束两大类型的运镜，以步骤拆解和视频教学的方式详细地传授给读者拍摄方法，能够帮助读者顺利学习与掌握。希望通过本章的学习，读者能学以致用，多多实践，真正地掌握好运镜技巧。

课后习题

课后习题

鉴于本章知识的重要性，为了帮助读者更好地掌握所学知识，本节将通过课后习题，帮助读者进行简单的知识回顾和补充。

本习题需要读者巩固下降后拉镜头的拍摄方法，效果展示如图 6-49 所示。教学视频画面如图 6-50 所示。

图 6-49　下降后拉镜头画面

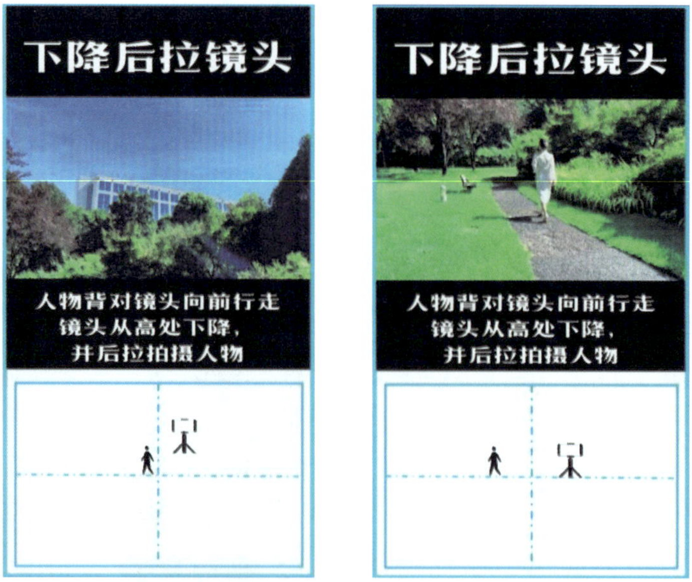

图 6-50　教学视频画面

第 7 章 高手运镜的 8 种特殊镜头

特殊镜头是指采取一些特殊方式拍摄而成的镜头，包括由两段基础性的镜头拼接而成的运镜、用稳定器功能拍摄的运镜。特殊镜头拍摄出来的视频画面更为高级，且更具专业性。本章将详细介绍 8 种特殊镜头的拍摄方法。

本章重点

- 掌握 8 种特殊镜头的拍摄方法
- 学以致用，多加实战巩固

7.1　两段镜头拼接的运镜

两段镜头拼接的运镜主要是指由两段镜头拼接而成的运镜。这类镜头多数都有固定镜头的参与，在视频画面上表现出连贯性和整体性，给人高级感，融入短视频中，容易吸引观众的注意力。本节将主要学习这类运镜的拍摄方法。

7.1.1　后拉＋固定镜头

后拉＋固定镜头

后拉＋固定镜头，顾名思义是由后拉镜头和固定镜头拼接而成的，第一个镜头是正面跟随并后拉拍摄人物，第二个镜头是固定镜头拍摄人物全身。这组镜头适合于捕捉不同场景下的人物，融入短视频中，具有创意性。

【效果展示】下面将介绍后拉＋固定镜头的拍摄方法，画面如图 7-1 所示。教学视频画面如图 7-2 所示。

图 7-1　后拉＋固定镜头画面

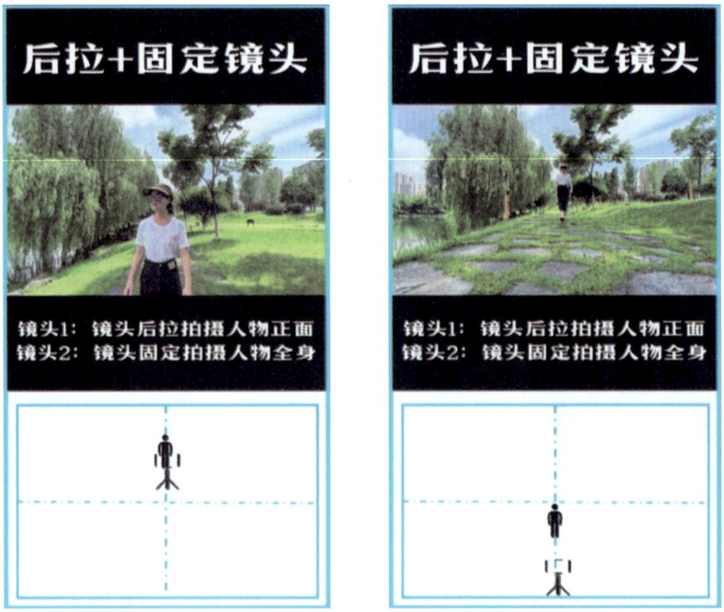

图 7-2　教学视频画面

【运镜实战】下面对后拉＋固定镜头的拍摄步骤进行详细介绍。

Step 01 第一个镜头是人物正对镜头前行，镜头跟拍人物，如图 7-3 所示。

图 7-3　镜头跟拍人物

Step 02 人物继续行走，镜头微微后拉跟拍人物一段距离，如图 7-4 所示。

图 7-4　镜头微微后拉跟拍人物一段距离

Step 03 第二个镜头是人物正对镜头走来，镜头固定位置不动拍摄人物，如图 7-5 所示。

图 7-5　镜头固定位置不动拍摄人物

Step 04 人物继续向镜头走来，镜头继续固定拍摄人物，如图 7-6 所示。

图 7-6　镜头继续固定拍摄人物

7.1.2 全景跟拍＋固定镜头

全景跟拍＋固定镜头的第一个镜头是全景跟拍人物，第二个镜头是固定镜头俯拍人物走入画面。这组镜头涉及到不同的拍摄角度，可以给人一种空间位移感，从而丰富视频画面。两段视频之间的拼接具有连贯性和创意性。

全景跟拍＋
固定镜头

【效果展示】下面将介绍全景跟拍＋固定镜头的拍摄方法，画面如图 7-7 所示。教学视频画面如图 7-8 所示。

图 7-7　全景跟拍＋固定镜头画面

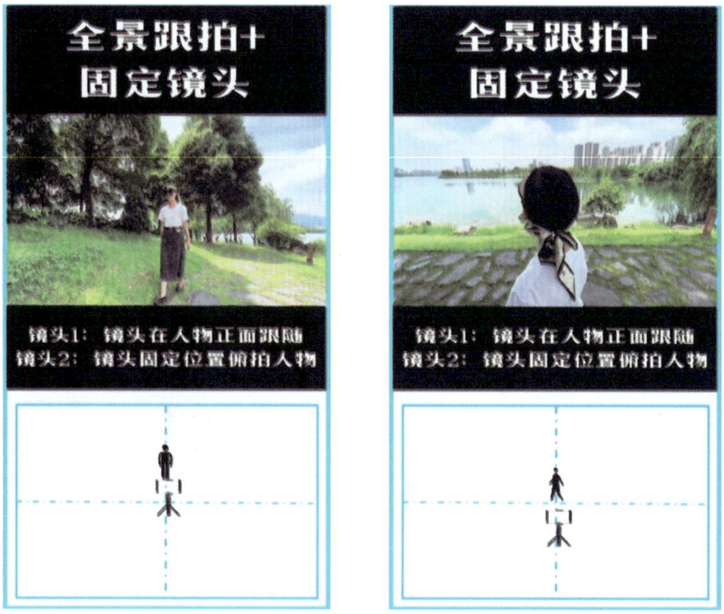

图 7-8　教学视频画面

【运镜实战】下面对全景跟拍＋固定镜头的拍摄步骤进行详细介绍。

Step 01 第一个镜头是人物向前行走，镜头在人物的正面全景拍摄人物，如图 7-9 所示。

图 7-9　镜头在人物的正面全景拍摄人物

Step 02 人物继续行走，镜头继续全景跟拍人物，如图 7-10 所示。

图 7-10　镜头继续全景跟拍人物

Step 03 第二个镜头是人物从右往左走入画面，镜头固定位置不动俯拍人物，如图 7-11 所示。

图 7-11　镜头固定位置不动俯拍人物

Step 04 人物走到画面中心后不再前行，镜头继续固定拍摄，如图 7-12 所示。

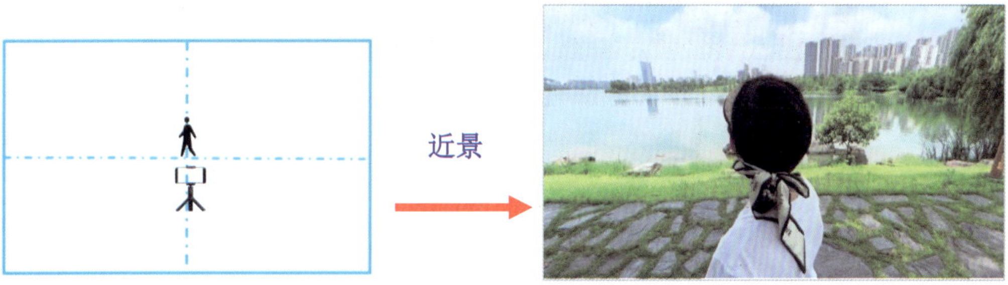

图 7-12　镜头继续固定拍摄

7.1.3　正面跟＋固定摇摄镜头

正面跟＋固定摇摄镜头

正面跟＋固定摇摄镜头的第一个镜头是在人物正面跟随人物拍摄，第二个镜头是在人物转弯处，固定位置摇摄人物。这组镜头跟随人物运动，具有流动性与连贯性，且在人物直行与转弯处分别采取不同的拍摄镜头，可以让视频画面看起来不那么单调。

【效果展示】下面将介绍正面跟＋固定摇摄镜头的拍摄方法，画面如图 7-13 所示。教学视频画面如图 7-14 所示。

图 7-13　正面跟＋固定摇摄镜头画面

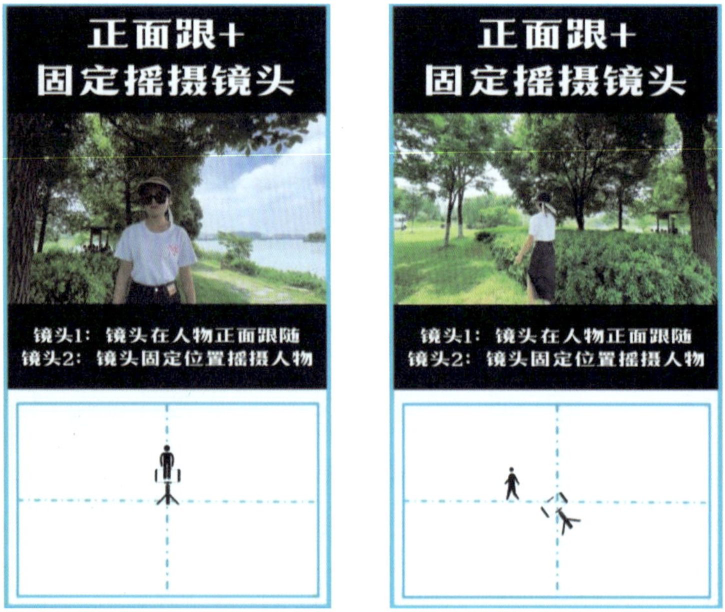

图 7-14　教学视频画面

【运镜实战】下面对正面跟＋固定摇摄镜头的拍摄步骤进行详细介绍。

Step 01 第一个镜头是人物正对镜头前行，镜头正面跟随拍摄人物，如图 7-15 所示。

图 7-15　镜头正面跟随拍摄人物

Step 02 人物继续前行，镜头继续正面跟随人物，如图 7-16 所示。

图 7-16　镜头继续正面跟随人物

Step 03 第二个镜头是人物向左转弯行走，镜头在人物侧面固定跟随摇摄人物，如图 7-17 所示。

图 7-17　镜头在固定位置跟随摇摄人物

Step 04 人物继续前行，镜头继续固定跟随摇摄人物一段时间，如图 7-18 所示。

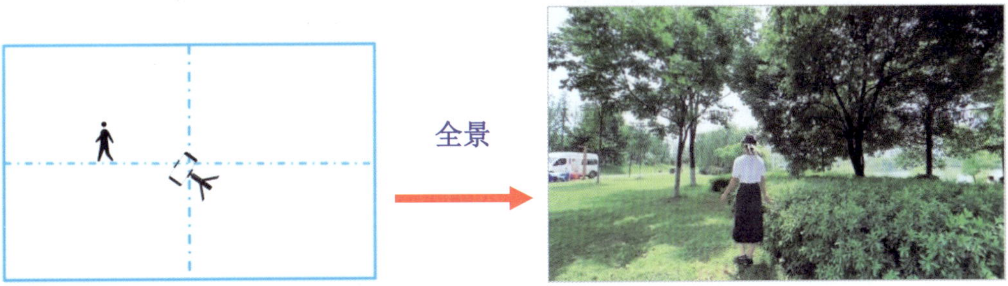

图 7-18　镜头继续固定跟随摇摄人物一段时间

7.1.4　侧面跟拍+侧面固定镜头

侧面跟拍+侧面固定镜头的第一个镜头是侧面跟随拍摄人物上半身；第二个镜头则是固定镜头仰拍人物侧面。这组镜头采用不同拍摄手法来拍摄人物侧面，多角度来展现人物的情绪、状态等，可以起丰富视频画面，提高视频吸引力的作用。

侧面跟拍+
侧面固定镜头

【效果展示】下面将介绍侧面跟拍+侧面固定镜头的拍摄方法，画面如图 7-19 所示。教学视频画面如图 7-20 所示。

图 7-19　侧面跟拍+侧面固定镜头画面

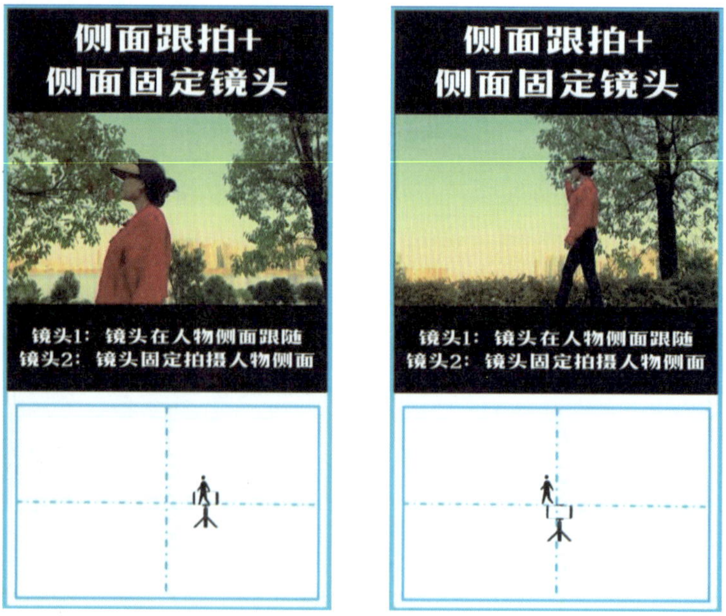

图 7-20　教学视频画面

【运镜实战】下面对侧面跟拍+侧面固定镜头的拍摄步骤进行详细介绍。

Step 01 第一个镜头是人物从右往左行走，镜头在人物侧面跟随拍摄，如图 7-21 所示。

图 7-21　镜头在人物侧面跟随拍摄

Step 02 人物继续行走，镜头继续侧面跟随，如图 7-22 所示。

图 7-22　镜头继续侧面跟随

Step 03 第二个镜头是人物从右往左行走，镜头在人物侧面固定不动仰拍人物，如图 7-23 所示。

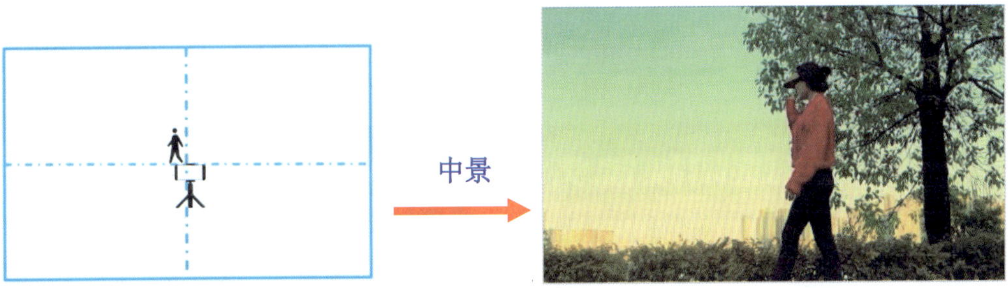

图 7-23　镜头在人物侧面固定不动仰拍人物

Step 04 人物走出画面外，镜头仍在固定位置拍摄，如图 7-24 所示。

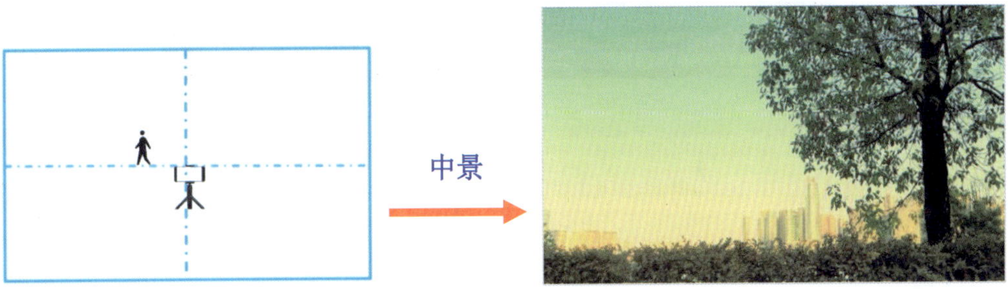

图 7-24　镜头仍在固定位置拍摄

7.1.5 极速切换镜头

极速切换镜头的两个镜头都是由固定摇摄完成的，特别之处在于两个镜头之间用甩镜进行转场，让两段视频之间的切换非常迅速且流畅。甩镜头是专门拍摄出一段所需方向的快速摇摄镜头画面，然后剪辑到前后两个镜头之间。在剪辑的时候，对于甩镜的方向、速度和快慢、过程的长度，应该与前后镜头的动作以及其方向、速度相适应。

极速切换镜头

【效果展示】下面将介绍极速切换镜头的拍摄方法，画面如图 7-25 所示。教学视频画面如图 7-26 所示。

图 7-25　极速切换镜头画面

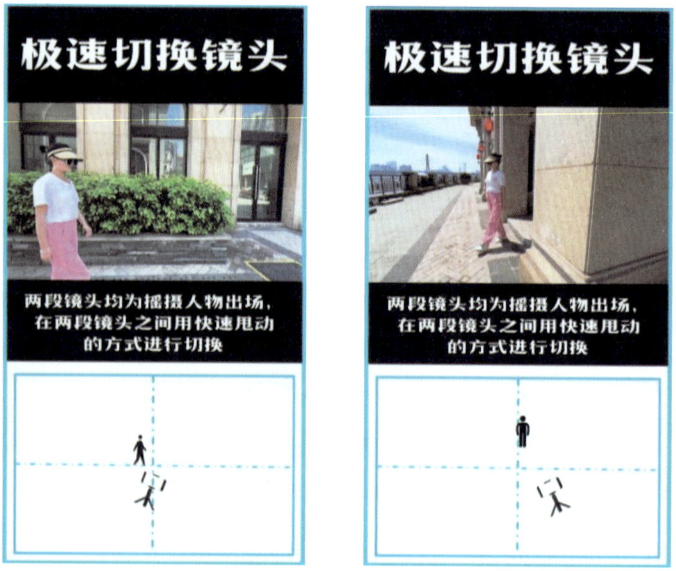

图 7-26　教学视频画面

【运镜实战】下面对极速切换镜头的拍摄步骤进行详细介绍。

Step 01 第一个镜头是人物从左往右行走，镜头在侧面跟摇拍摄人物，如图 7-27 所示。

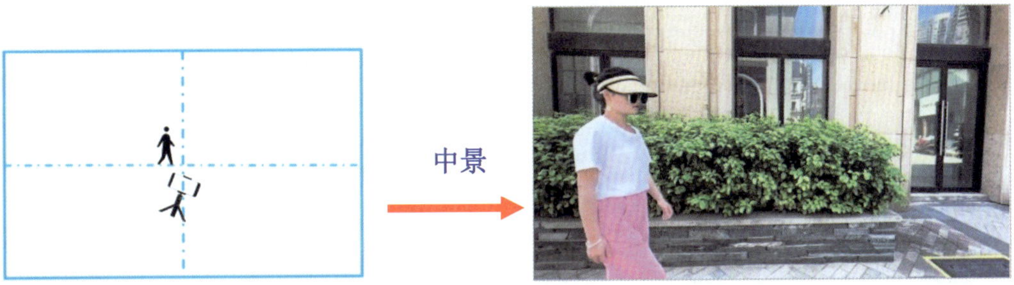

图 7-27　镜头在侧面跟摇拍摄人物

Step 02 人物继续行走，镜头继续跟随摇摄，如图 7-28 所示。

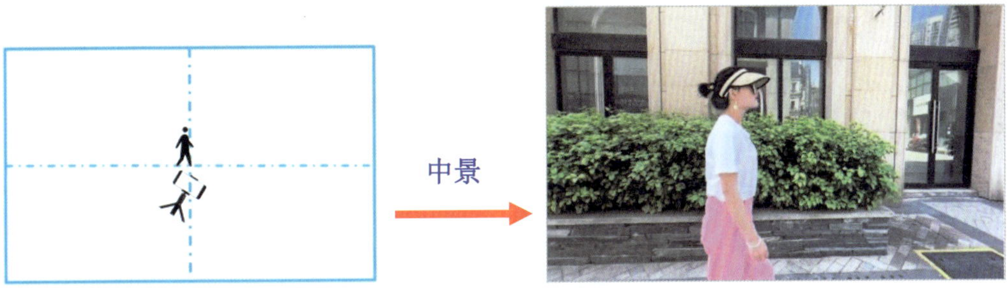

图 7-28　镜头继续跟随摇摄

Step 03 第二个镜头从左向右快速甩镜切换场景，如图 7-29 所示。

图 7-29　镜头从左向右快速甩镜切换场景

Step 04 镜头跟随并摇摄人物出场，如图 7-30 所示。

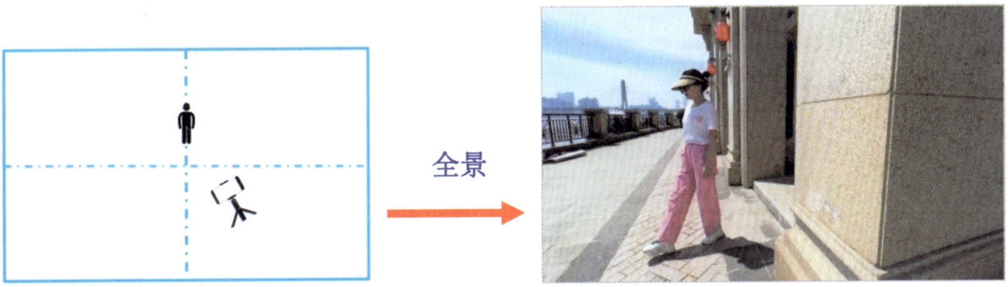

图 7-30　镜头跟随并摇摄人物出场

7.1.6 无缝转场镜头

无缝转场镜头的第一个镜头是斜线推近人物，第二个镜头是斜线拉远人物。两个视频之间由同一事物建立联系，即第一段视频的结束画面是第二段视频的起始画面。这组镜头通常用作表现同一人物在不同地点出现，由于同一事物的联系密切，可以使画面转换更自然。

无缝转场镜头

【效果展示】下面将介绍无缝转场镜头的拍摄方法，画面如图 7-31 所示。教学视频画面如图 7-32 所示。

图 7-31　无缝转场镜头画面

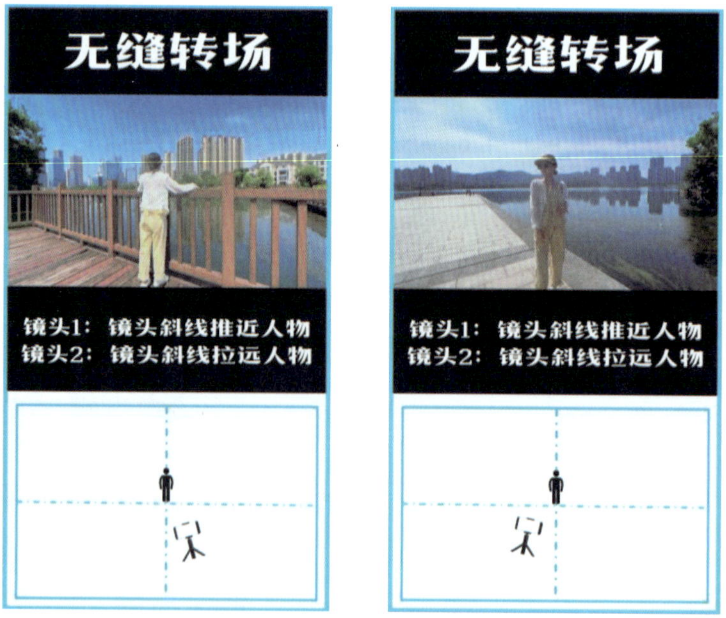

图 7-32　教学视频画面

【运镜实战】下面对无缝转场镜头的拍摄步骤进行详细介绍。

Step 01 第一个镜头是人物背对镜头站立不动，镜头在人物的反侧面斜线推近人物，如图 7-33 所示。

图 7-33　镜头在人物的反侧面斜线推近人物

Step 02 镜头继续推近，特写人物的衣服，如图 7-34 所示。

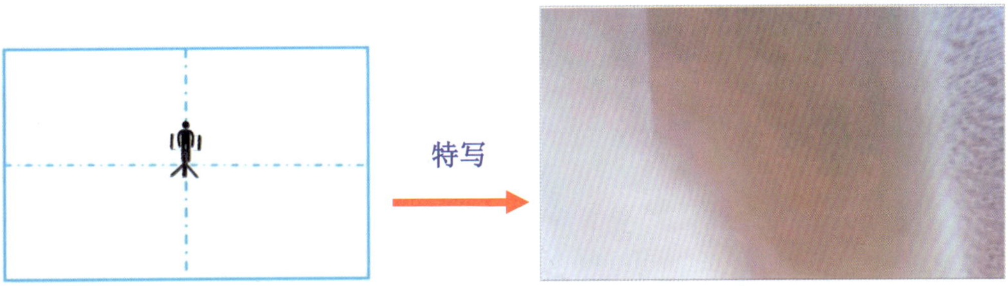

图 7-34　特写人物的衣服

Step 03 第二个镜头是人物在另一场景中站立不动，镜头近距离拍摄人物的衣服，如图 7-35 所示。

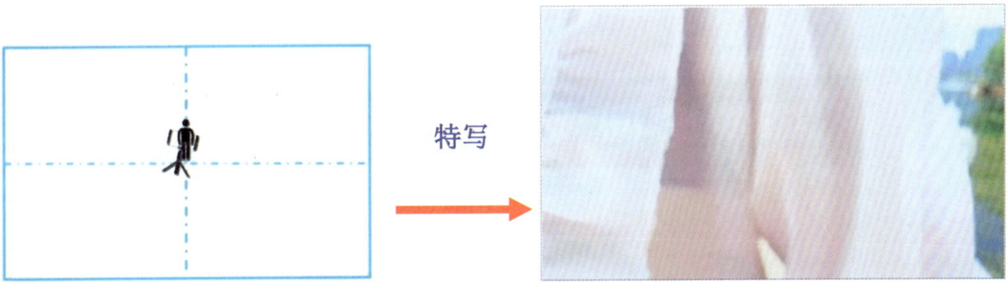

图 7-35　镜头近距离拍摄人物的衣服

Step 04 镜头从人物的衣服斜线向后拉远，如图 7-36 所示。

图 7-36　镜头斜线向后拉远

7.2 稳定器功能拍摄的运镜

稳定器功能拍摄的运镜是充分利用稳定器功能进行拍摄的运镜，如盗梦空间是拍摄者通过推动稳定器上的方向键来完成旋转跟随拍摄的。这类镜头拍摄出来的画面可以使视频更为丰富，增加视频的观赏性和审美性。本节主要是学习盗梦空间和希区柯克变焦两种运镜。

7.2.1 盗梦空间

盗梦空间

盗梦空间镜头是长按稳定器的方向键来对人物进行旋转跟随拍摄，旋转的角度不受限制，但必须保持同一视觉中心。这个镜头是电影《盗梦空间》中常用的镜头，拍摄出来的画面容易使观众产生眩晕感，但也是新颖且独特的。

【效果展示】下面将具体介绍盗梦空间的拍摄方法，画面如图 7-37 所示。教学视频画面如图 7-38 所示。

图 7-37　盗梦空间画面

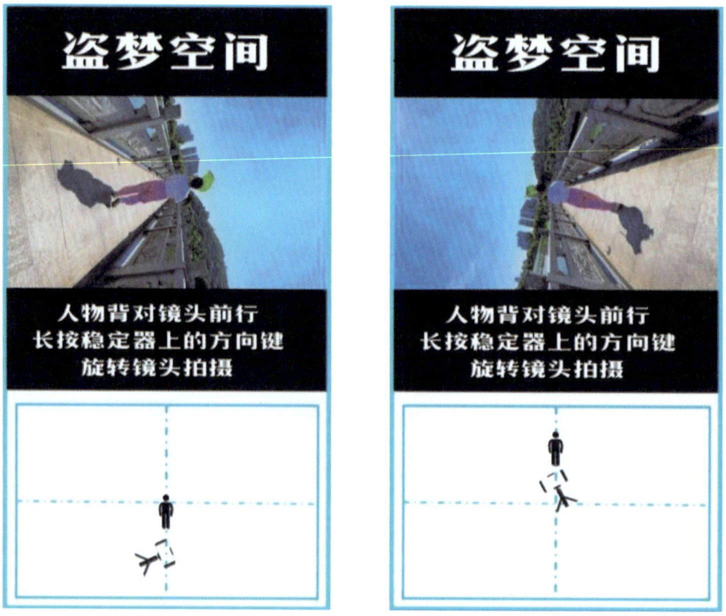

图 7-38　教学视频画面

【运镜实战】下面对盗梦空间的拍摄步骤进行详细介绍。

Step 01 稳定器开启“旋转拍摄”模式，倒置镜头拍摄人物，如图 7-39 所示。

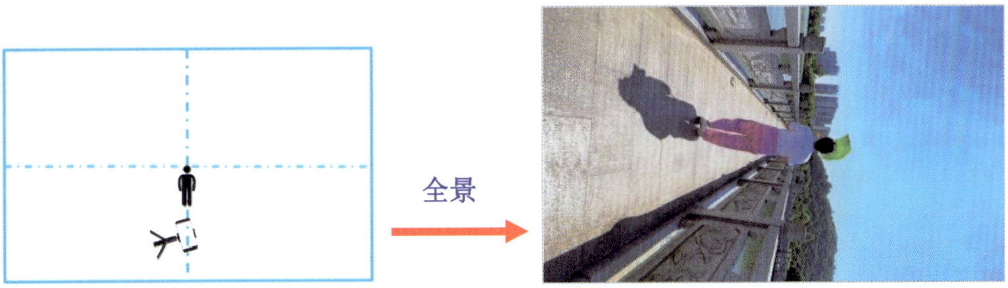

图 7-39　倒置镜头拍摄人物

Step 02 拍摄者长按稳定器上的方向键进行旋转拍摄，并跟随人物前行，如图 7-40 所示。

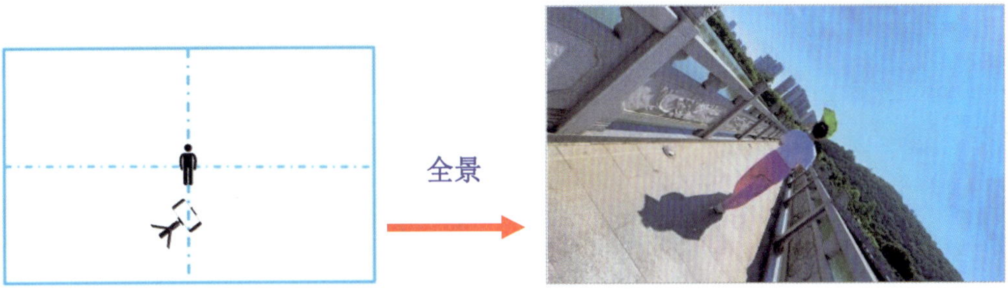

图 7-40　拍摄者长按稳定器上的方向键进行旋转拍摄

Step 03 拍摄者继续长按同一个方向键跟随人物，如图 7-41 所示。

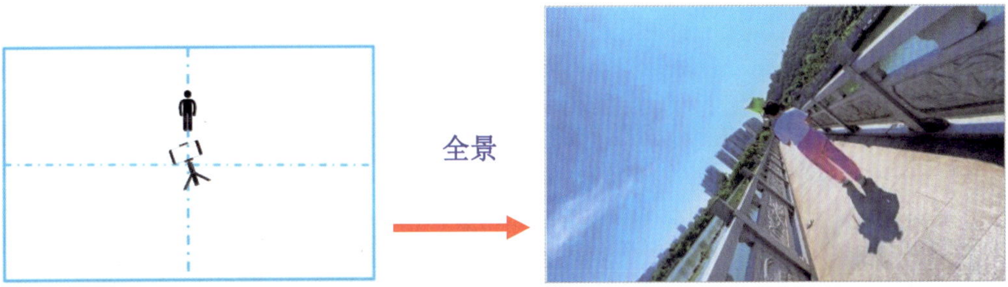

图 7-41　继续长按同一个方向键跟随人物

Step 04 人物前行到了一定的距离，镜头也旋转了 180° 左右，并跟随到一定的距离，从而展示人物所处的场景，如图 7-42 所示。

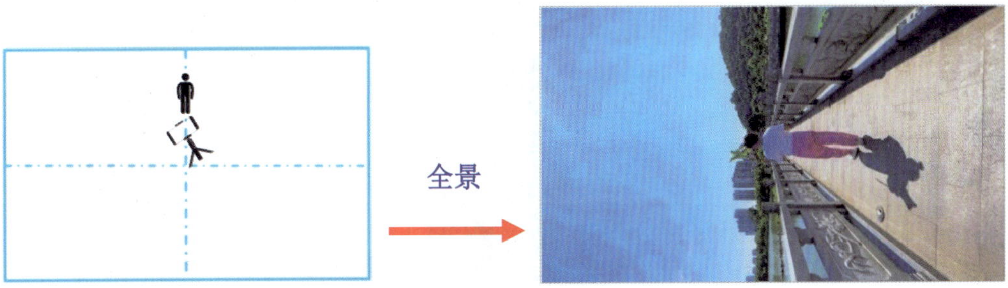

图 7-42　镜头旋转跟随结束

7.2.2 希区柯克变焦

希区柯克变焦运镜主要是人物位置不变，背景进行变焦，从而营造出一种空间压缩感。本次运镜是稳定器在“背景靠近”的效果选项下，镜头渐渐远离人物，也就是后拉一段距离。

希区柯克变焦

【效果展示】下面将具体介绍希区柯克变焦的拍摄方法，画面如图 7-43 所示。教学视频画面如图 7-44 所示。

图 7-43　希区柯克变焦画面

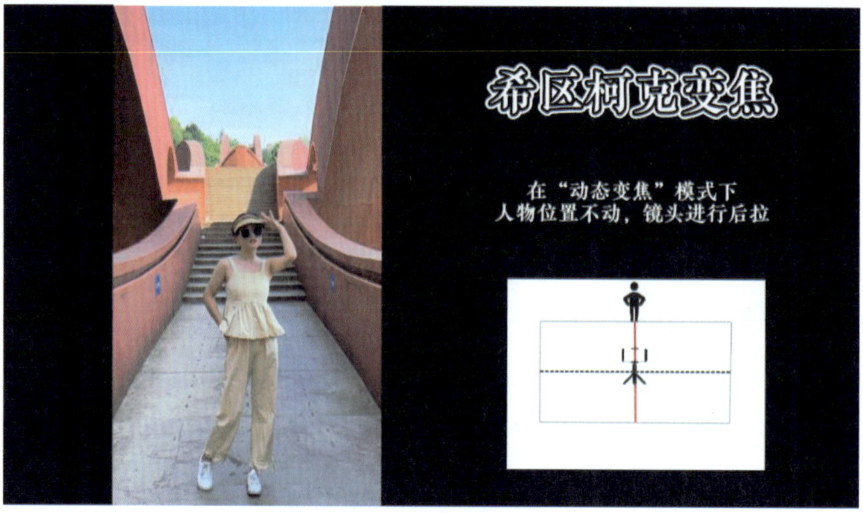

图 7-44　教学视频画面

【运镜实战】下面对希区柯克变焦的拍摄步骤进行详细介绍。

Step 01 在 DJI Mimo 软件中的拍摄模式下，❶切换至“动态变焦”模式；❷默认选择“背景靠近”拍摄效果，并点击“完成”按钮，如图 7-45 所示。

Step 02 ❶框选人像；❷点击拍摄按钮，如图 7-46 所示，在拍摄时，人物位置不变，镜头后拉一段距离，慢慢远离人物。

图 7-45　点击“完成”按钮

图 7-46　点击拍摄按钮

Step 03 拍摄完成后，弹出合成提示界面，显示合成进度，如图 7-47 所示。

Step 04 合成完成后，即可在相册中查看拍摄的视频，如图 7-48 所示。

图 7-47　显示合成进度

图 7-48　查看拍摄的视频

本 章 小 结

本章主要介绍了 8 种特殊运镜的拍摄方法，包括两段镜头拼接的运镜和使用稳定器功能拍摄的运镜，以步骤拆解和视频教学的方式详细地传授给读者拍摄方法。希望通过本章的学习，读者能学以致用，多多实践，真正地掌握好运镜技巧。

课 后 习 题

课后习题

鉴于本章知识的重要性，为了帮助读者更好地掌握所学知识，本节将通过课后习题，帮助读者进行简单的知识回顾和补充。

本习题需要读者巩固极速切换镜头的拍摄方法，效果展示如图 7-49 所示。教学视频画面如图 7-50 所示。

图 7-49　极速切换镜头画面

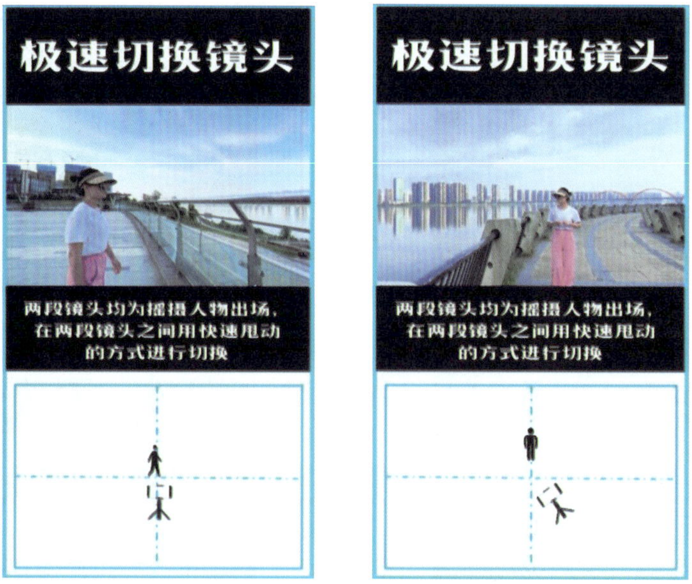

图 7-50　教学视频画面

第 8 章
短视频的基础剪辑操作

8

剪映是一款用作剪辑视频的手机 App，具有功能齐全、操作简单和使用便捷的优势。拍摄者可以通过阅读本章的内容，来学习一些基础的剪辑操作，为拍摄好的运镜视频制作出更为精美的效果。

本章重点

- 使用剪映 App 简单处理视频
- 掌握为视频添加音乐的方法
- 学会为视频制作文字标题

8.1 使用剪映 App 简单处理视频

视频经过前期拍摄完成后，是处于一个视频草稿的状态，最终的成品视频需要经过后期剪辑过程，比如分割和删除素材，以及给视频调色这样基础的后期剪辑操作。本书的所有后期操作都是用剪映 App 这款视频剪辑软件完成的，借此补充后期实战内容和提升读者的剪辑水平。

8.1.1 分割和删除素材

分割和删除素材

【效果展示】分割和删除素材是剪辑过程中最基础的步骤，通过分割和删除素材，可以留下想要的视频部分，删除多余的部分，效果如图 8-1 所示。

图 8-1 效果展示

下面介绍在剪映 App 中分割和删除素材的具体操作方法。

Step 01 在手机中打开剪映 App，进入 App 首页，点击“开始创作”按钮，如图 8-2 所示。

Step 02 进入相应的手机界面，❶在“视频”选项区中选择要剪辑的视频素材；❷选中“高清”复选框；❸点击“添加”按钮，如图 8-3 所示，导入素材。

图 8-2 点击“开始创作”按钮

图 8-3 点击“添加”按钮

Step 03 进入视频编辑界面，❶拖曳时间轴至视频 6s 的位置；❷选择视频素材；❸点击“分割”按钮，如图 8-4 所示，分割素材。

Step 04 默认选择分割后的第二段视频素材，点击“删除”按钮，如图 8-5 所示，将多余的视频片段删除。

图 8-4　点击“分割”按钮

图 8-5　点击“删除”按钮

Step 05 视频由 10 s 剪辑成为了 6 s，点击中间右侧的按钮，如图 8-6 所示。

Step 06 即可进入视频播放界面，点击▷播放按钮，如图 8-7 所示。

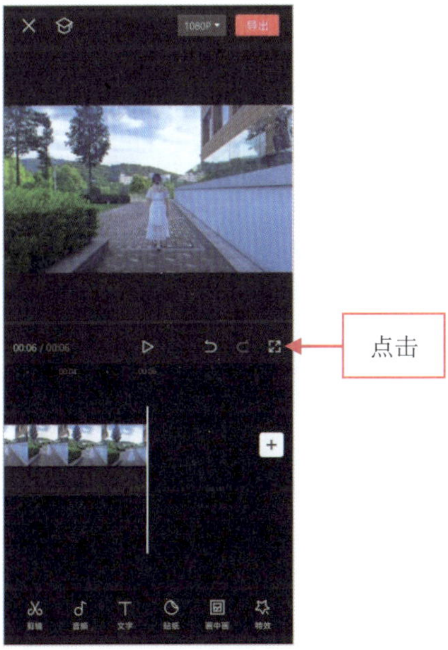

图 8-6　点击相应按钮（1）

图 8-7　点击相应按钮（2）

Step 07 视频开始播放，即可浏览视频画面，点击按钮，如图 8-8 所示。

Step 08 回到视频编辑界面，点击右上角的“导出”按钮，如图 8-9 所示，导出成品视频。

Step 09 视频导出之后，点击“完成”按钮，如图 8-10 所示，就可把视频保存到相册和剪映草稿箱。

图 8-8　点击相应的按钮（3）

图 8-9　点击“导出”按钮

图 8-10　点击“完成”按钮

8.1.2　替换和裁剪素材

替换和剪裁素材

【效果展示】替换和裁剪素材可以去掉不合适的素材片段，留下更具有美感的视频画面，效果如图 8-11 所示。

图 8-11　效果展示

下面介绍使用剪映 App 替换和裁剪视频素材的具体操作方法。

Step 01 在剪映 App 中导入两段视频素材，如图 8-12 所示。

Step 02 如果我们发现更合适的素材，可以使用“替换”功能将其替换。❶选择要替换的视频片段；❷点击“替换”按钮，如图 8-13 所示。

图 8-12　导入两段视频素材

图 8-13　点击“替换”按钮

Step 03 进入相应界面，切换至“素材库”选项卡，如图 8-14 所示。

Step 04 在“热门”选项区中选择合适的素材，如图 8-15 所示。

图 8-14　切换至“素材库”选项卡

图 8-15　选择合适的素材

Step 05 执行操作后，预览素材效果，点击“确认“按钮，如图 8-16 所示，即可替换所选的素材。

Step 06 ❶选择第二段视频素材；❷点击“编辑”按钮，如图 8-17 所示。

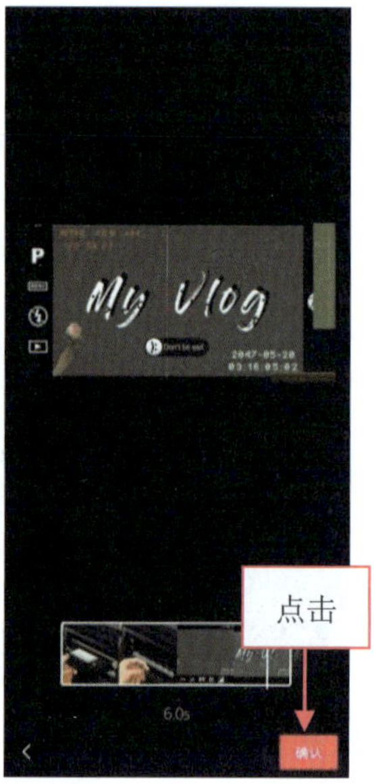

图 8-16　点击“确认”按钮

图 8-17　点击“编辑”按钮

Step 07 进入编辑工具栏，其中显示了“旋转”按钮（点击“旋转”按钮可以 90° 旋转画面）、“镜像”按钮以及“裁剪”按钮，点击“裁剪”按钮，如图 8-18 所示。

Step 08 进入“裁剪”界面，在其中可以选择需要的比例进行裁剪，①选择 16:9 选项；②在上方的预览区中，拖曳控制柄裁剪视频画面，并调整视频画面，如图 8-19 所示。点击✓按钮确认，即可应用裁剪操作。

图 8-18　点击“裁剪”按钮

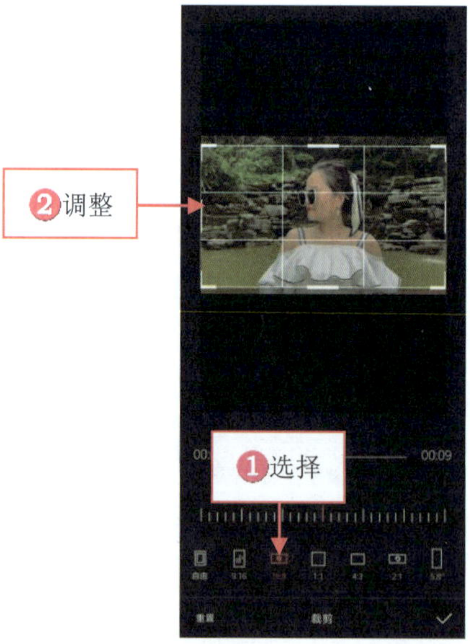

图 8-19　调整视频画面

▶ 专家指点

在剪映 App 中制作完效果后，可以点击“导出”按钮导出成品，书中不再一一详细介绍导出操作。

8.1.3　倒放和变速素材

倒放和变速素材

【效果展示】“倒放”功能可以倒放视频画面，制作出时光倒流的效果；“变速”功能能够改变视频的播放速度，让画面更有动感，效果展示如图 8-20 所示。

图 8-20　效果展示

下面介绍使用剪映 App 倒放和变速视频素材的具体操作方法。

Step 01 在剪映 App 中导入一段视频素材，如图 8-21 所示。

Step 02 ①选择视频轨道中的素材；②点击“复制”按钮，如图 8-22 所示，复制视频素材。

图 8-21　导入视频素材

图 8-22　点击“复制”按钮

Step 03 执行操作后，①选择第一段视频素材；②点击“倒放”按钮，如图 8-23 所示。

Step 04 系统会对视频片段进行倒放处理，并显示处理进度。稍等片刻，即可倒放所选视频片段，显示“倒放完成”字样，如图 8-24 所示。

图 8-23　点击“倒放”按钮

图 8-24　显示“倒放完成”字样

Step05 执行操作后，点击“变速”按钮，如图 8-25 所示。

Step06 进入二级工具栏，点击“常规变速”按钮，如图 8-26 所示。

图 8-25　点击“变速”按钮

图 8-26　点击“常规变速”按钮

Step07 拖曳红色的圆环滑块，调整视频播放速度为 1.5 x，如图 8-27 所示。

Step08 点击按钮确认，即可改变倒放视频的速度。点击播放按钮，如图 8-28 所示，即可预览视频效果。

图 8-27　调整视频播放速度

图 8-28　点击相应按钮

▶ 专家指点

在“变速”工具栏中还可以点击“曲线变速”按钮，进入“曲线变速”编辑界面，选择“蒙太奇”选项，进一步调整变速点。

8.1.4　更换比例和背景

【效果展示】通过更换比例，可以把横屏视频变成竖屏视频，还可以更换自己心仪的背景，让视频画面更加吸睛，效果如图 8-29 所示。

更换比例和背景

图 8-29　效果展示

下面介绍使用剪映 App 为视频素材更换比例和背景的具体操作方法。

Step 01 在剪映 App 中导入素材，点击“比例”按钮，如图 8-30 所示。

Step 02 选择 9:16 选项，如图 8-31 所示，让横屏变竖屏

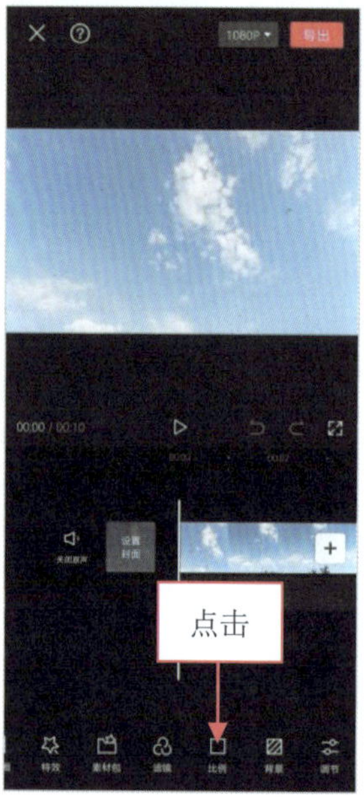

图 8-30　点击“比例”按钮

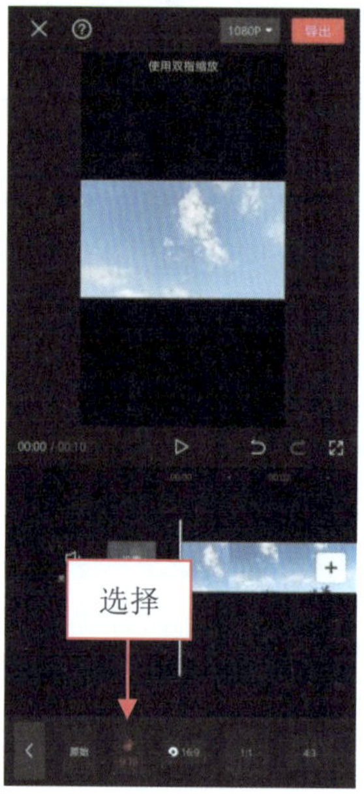

图 8-31　选择 9:16 选项

Step 03 返回主界面，点击“背景”按钮，如图 8-32 所示。

Step 04 在二级工具栏中点击“画布样式”按钮，如图 8-33 所示。

Step 05 选择一个合适的画布样式，即可更换背景，如图 8-34 所示。

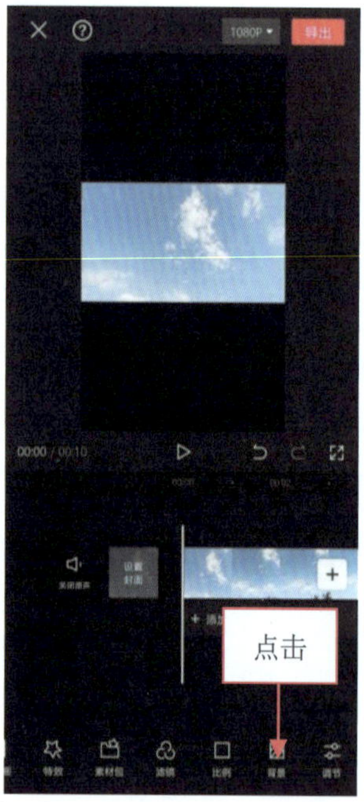

图 8-32　点击“背景”按钮

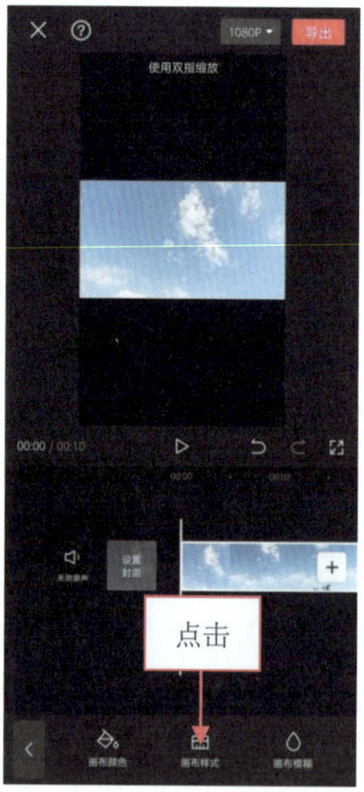

图 8-33　点击“画布样式”按钮

图 8-34　选择合适的画布样式

8.1.5　为视频进行调色

为视频进行调色

【效果展示】前期拍摄的视频难免受光线、环境等影响导致效果不佳，因此后期剪辑时有必要为视频进行调色处理，效果对比如图 8-35 所示。

图 8-35　效果对比

下面介绍使用剪映 App 为视频进行调色的具体操作方法。

Step 01　在剪映 App 中导入一段视频素材，①选择视频素材；②点击“滤镜”按钮，如图 8-36 所示。

Step 02　①切换至“室内”选项区；②选择“日系奶油”滤镜；③设置参数为 100，给视频添加滤镜，让画面色彩更艳丽，如图 8-37 所示。

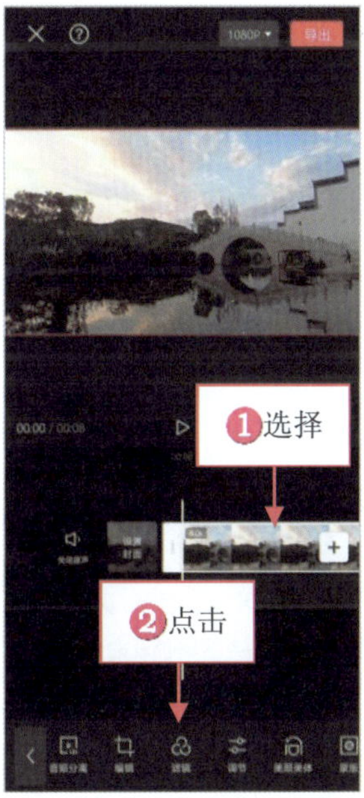

图 8-36　点击“滤镜”按钮

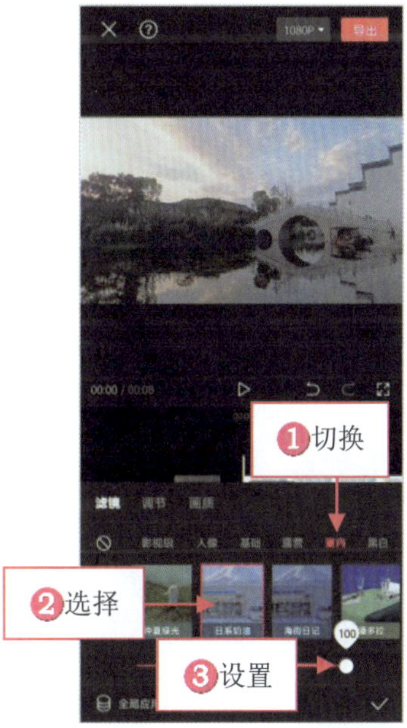

图 8-37　设置“滤镜”参数

Step 03　①切换至“调节”选项卡；②设置“饱和度”参数为 30，如图 8-38 所示。

Step 04　设置“色温”参数为 25，使画面偏向于暖色调，如图 8-39 所示。

Step 05　在“调节”选项卡中选择 HSL 选项，进入 HSL 面板，①选择橙色选项；②拖曳“饱和度”滑块，设置其参数为 100，如图 8-40 所示，让橙色的夕阳色彩更加艳丽。

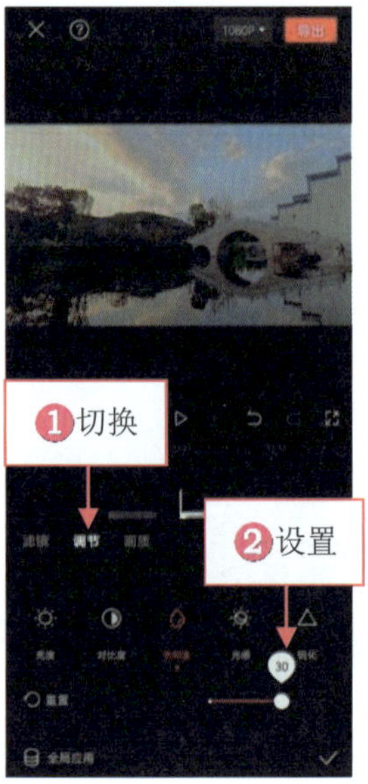

图 8-38　设置“饱和度”参数（1）

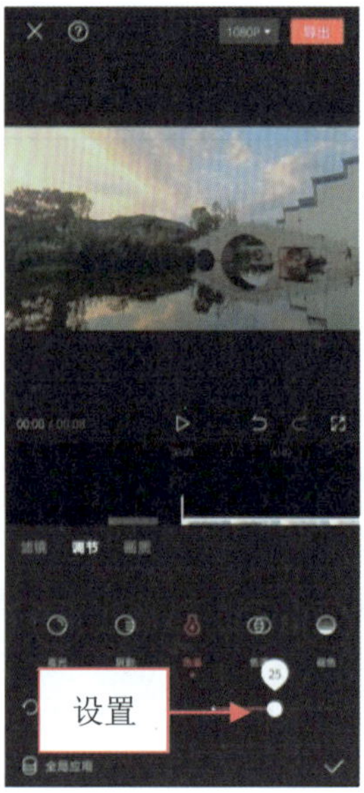

图 8-39　设置“色温”参数

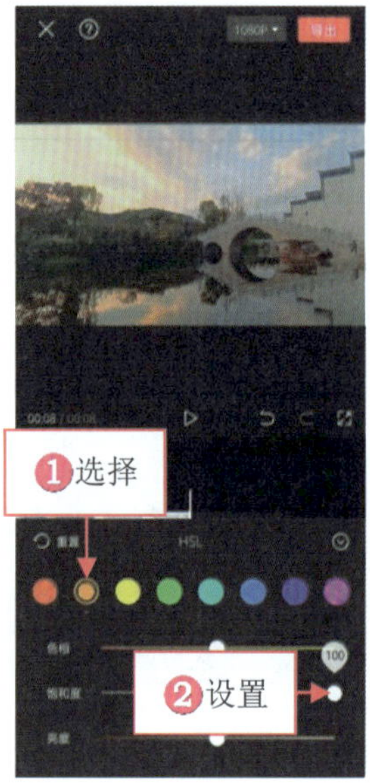

图 8-40　设置“饱和度”参数（2）

8.2　为视频添加音乐和文字说明

视频是视听结合的艺术，因此追求视频的最佳效果离不开音乐的加入。文字说明能够突出视频的重点，起到快速吸引观众眼球的效果，因此为视频添加恰当的文字说明也是有必要的。本节将介绍在剪映 App 中为视频添加音乐和文字说明的方法。

8.2.1　添加音乐和音效

添加音乐和音效

【效果展示】恰到好处的音乐和音效能够匹配视频画面，起到锦上添花的作用，效果展示如图 8-41 所示。

图 8-41　效果展示

下面介绍在剪映 App 中为视频添加音乐和音效的具体操作方法。

Step 01 在剪映 App 中导入素材，1点击“关闭原声”按钮；2点击“音频”按钮，如图 8-42 所示。

Step02 进入二级工具栏，点击“音乐”按钮，如图 8-43 所示。

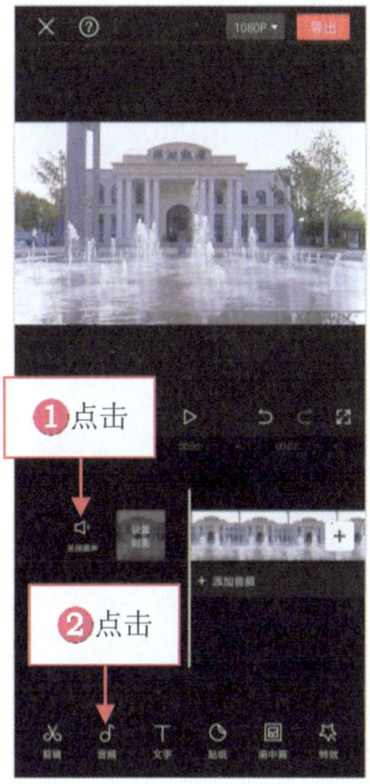

图 8-42　点击“音频”按钮

图 8-43　点击“音乐”按钮

Step03 进入“添加音乐”界面，选择“纯音乐”选项卡，如图 8-44 所示。

Step04 ①选择相应的音乐进行试听；②点击所选音乐右侧的“使用”按钮，如图 8-45 所示，即可添加音乐。

图 8-44　选择“纯音乐”选项卡

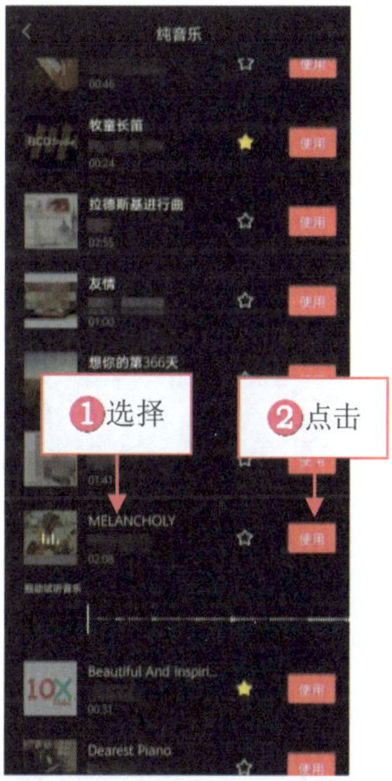

图 8-45　点击“使用”按钮

Step05 执行操作后，点击“音效”按钮，如图 8-46 所示。

Step 06 进入相应界面，❶在搜索框中输入“喷泉”二字；❷在搜索结果中选择“室外喷泉音效”进行试听，如图 8-47 所示。

图 8-46　点击“音效”按钮

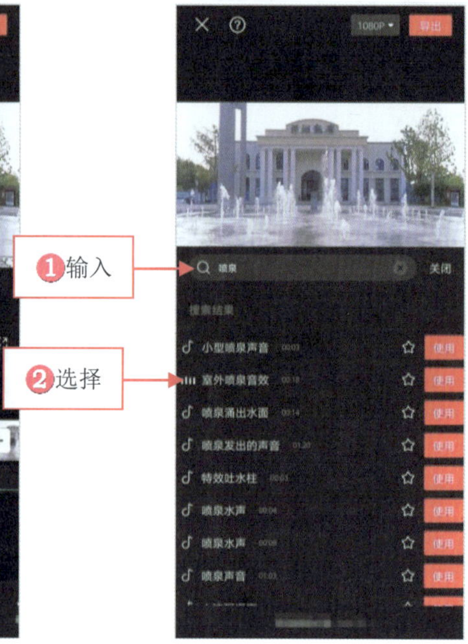

图 8-47　选择相应音效试听

Step 07 点击“使用”按钮，即可将其添加到音效轨道中，如图 8-48 所示。

Step 08 选择音频素材，在视频的末尾位置点击“分割”按钮，如图 8-49 所示，分割音频素材。

图 8-48　添加音效

图 8-49　点击“分割”按钮

Step 09 默认选择分割后的第二段音频素材，点击“删除”按钮，如图 8-50 所示，删除多余的音频。

Step10 用与上同样的方法，删除多余的音效，效果如图 8-51 所示。

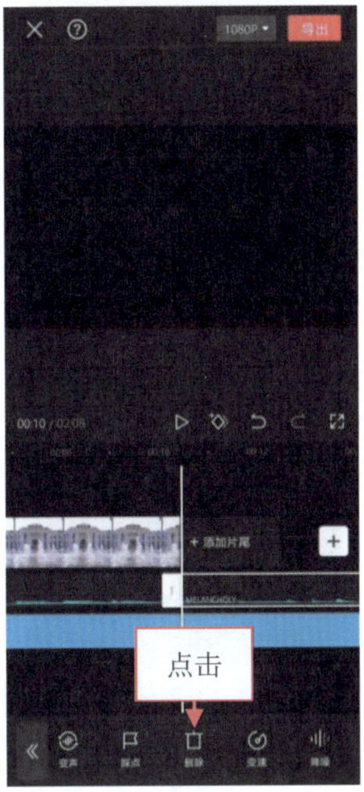

图 8-50　点击“删除”按钮

图 8-51　删除多余的音效效果

8.2.2　识别歌词添加字幕

识别歌词添加字幕

【效果展示】在剪映中运用“识别歌词”功能可以识别出视频中的音乐歌词，再添加“卡拉 OK”文字动画，就能制作出 KTV 歌词字幕，效果如图 8-52 所示。

图 8-52　效果展示

下面介绍在剪映 App 中为视频添加歌词字幕的操作方法。

Step01 在剪映中导入一个视频素材，点击“文字”按钮，如图 8-53 所示。

Step02 进入文字工具栏，点击“识别歌词”按钮，如图 8-54 所示。

图 8-53　点击“文字”按钮

图 8-54　点击“识别歌词”按钮

Step03 在弹出的面板中，点击“开始匹配”按钮，如图 8-55 所示。

Step04 执行操作后，生成歌词文字，点击“批量编辑”按钮，如图 8-56 所示。

图 8-55　点击“开始匹配”按钮

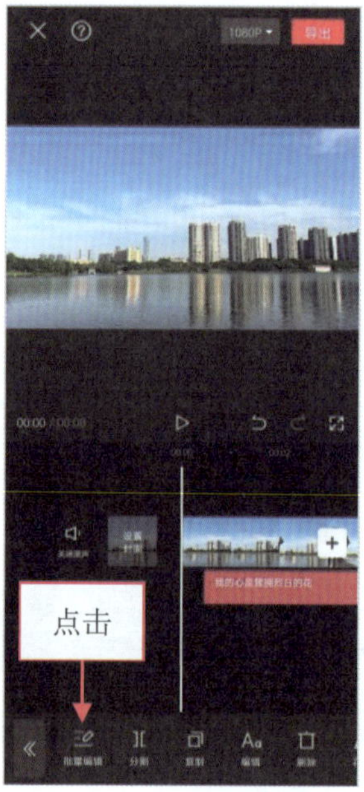

图 8-56　点击“批量编辑”按钮

Step05 执行操作后，选择第一段歌词字幕，如图 8-57 所示。

Step06 在“字体”选项卡中，❶选择一个合适的字体；❷调整歌词字幕的位置和大小，如图 8-58 所示。

图 8-57　选择第一段歌词字幕

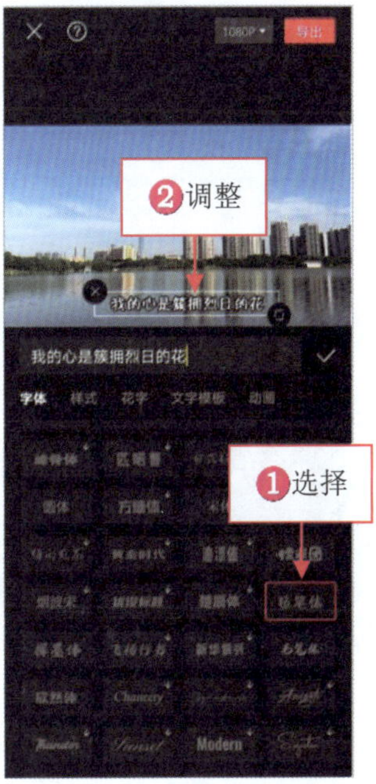

图 8-58　调整歌词字幕的位置和大小

Step 07 ①切换至“样式”选项卡；②在“排列”选项区中设置“字间距”的参数为 4，如图 8-59 所示。

Step 08 ①切换至“动画”选项卡；②在“入场”选项区中选择“卡拉 OK”动画；③选择淡黄色色块；④拖曳滑块至最右端，设置动画时长，如图 8-60 所示。点击✓按钮确认，即可为视频添加歌词字幕。

图 8-59　设置“字间距”的参数

图 8-60　设置动画时长

8.2.3　制作文字标题

【效果展示】 为视频制作文字标题，可以向观众介绍视频的主题，让观众对视频内容一目了然，随之增加视频点击率，效果如图 8-61 所示。

制作文字标题

图 8-61　效果展示

Step 01 在剪映 App 中导入素材，①拖曳时间轴至视频 2 s 的位置；②点击"文字"按钮，如图 8-62 所示。

Step 02 进入二级工具栏，点击"新建文本"按钮，如图 8-63 所示。

图 8-62　点击"文字"按钮

图 8-63　点击"新建文本"按钮

Step 03 ①输入文字内容；②在"字体"选项卡中为文字选择合适的字体，如图 8-64 所示。

Step 04 ①切换至"样式"选项卡；②设置"字号"参数为 25，放大文字，如图 8-65 所示。

图 8-64 选择合适的字体

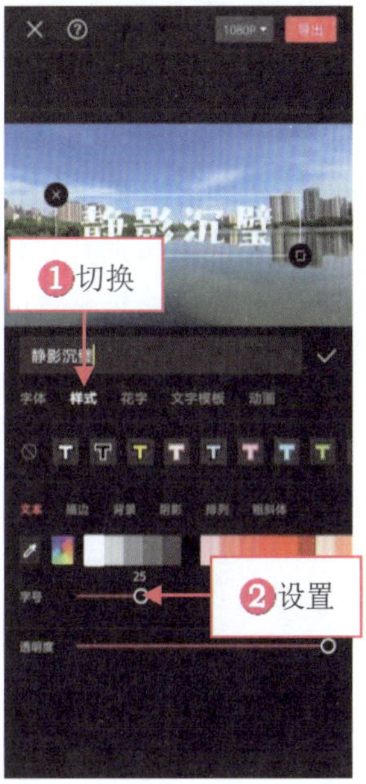

图 8-65 设置“字号”参数

Step 05 ①展开“排列”选项区；②设置“字间距”参数为 2，让文字之间不那么紧凑，如图 8-66 所示。

Step 06 ①切换至“动画”选项卡；②在“入场”选项区中选择“弹入”动画；③设置动画时长为 1.5s，让文字出来时动起来，如图 8-67 所示。

Step 07 点击✓按钮确认，即可添加一个文字标题文本。拖曳文字右侧的白色拉杆，调整文字的时长，使其对齐视频的时长，如图 8-68 所示。

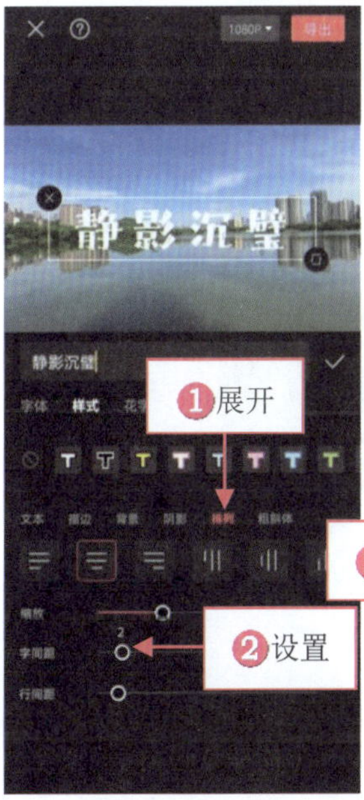

图 8-66 设置“字间距”参数

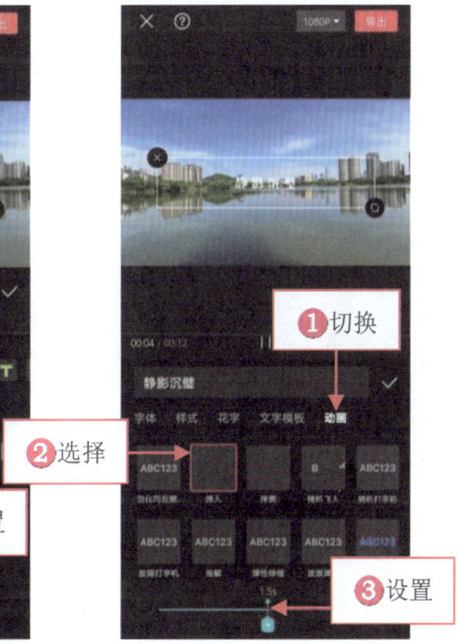

图 8-67 设置动画时长

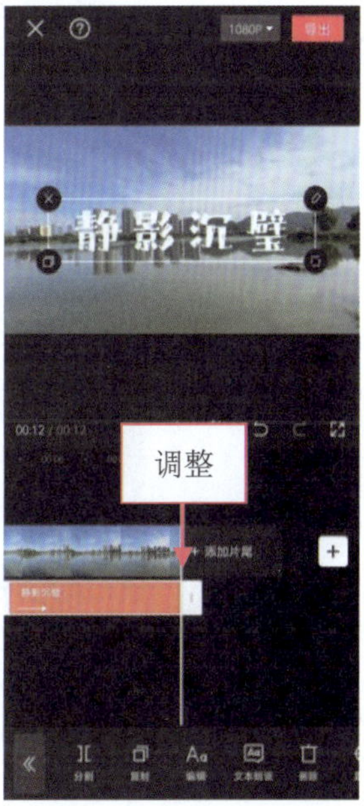

图 8-68 调整文字的时长

本章小结

本章主要介绍了视频后期使用剪映 App 进行剪辑的方法，包括分割、删除、替换、裁剪、倒放、变速素材；更换视频比例和背景；为视频进行调色、添加音乐、添加歌词字幕和制作文字标题的操作方法。希望通过对本章的学习，读者能够学习和掌握剪映 App 的基础操作。

课后习题

课后习题

鉴于本章知识的重要性，为了帮助读者更好地掌握所学知识，本节将通过课后习题，帮助读者进行简单的知识回顾和补充。

本习题需要读者掌握使用剪映 App 中为视频添加“绿妍”滤镜的操作方法，效果对比如图 8-69 所示。

图 8-69　效果对比

第 9 章

短视频的高级剪辑处理

9

若是拍摄者想要制作出更为高级的视频效果，则可以使用剪映 App 进行画面升级处理。本章将介绍添加炫酷特效、制作电影感片头效果、美颜美体处理、音乐变速转场、抖音玩法、色度抠图、智能抠像和蒙版等升级视频画面的操作方法。

本章重点

- 掌握添加动画、特效等的方法
- 掌握使用抠图、抠像等的方法

9.1　添加动画、特效等美化视频

为视频添加动画、特效等能够增加视频画面的美观度，如制作电影感片头，可以让视频开头就能吸引更多人的注意；添加炫酷特效，可以使视频画面凸显出高级感，增加吸引力等。本节将介绍一些通过添加动画、特效等来美化视频的方法，从而增加视频的受欢迎程度。

9.1.1　添加炫酷特效

添加炫酷特效

【效果展示】为视频添加炫酷特效，可以增加视频动感与画面冲击力，让画面更加丰富和有趣，增加视频播放率，效果如图 9-1 所示。

图 9-1　效果展示

下面介绍在剪映 App 中添加炫酷特效的具体操作方法。

Step 01　在剪映 App 中导入素材，❶拖曳时间轴至 2 s 的位置；❷点击“特效”按钮，如图 9-2 所示。

Step 02　进入二级工具栏，点击“画面特效”按钮，如图 9-3 所示。

图 9-2　点击“特效”按钮

图 9-3　点击“画面特效”按钮（1）

Step 03 ①切换至“动感”选项卡；②选择“心跳”特效；③点击✓按钮确认，如图 9-4 所示。

Step 04 返回上一级工具栏，在“心跳”特效的末尾位置点击“画面特效”按钮，如图 9-5 所示。

Step 05 ①切换至“暗黑”选项卡；②选择“羽毛”特效，如图 9-6 所示。

图 9-4　点击相应按钮

图 9-5　点击“画面特效”按钮（2）

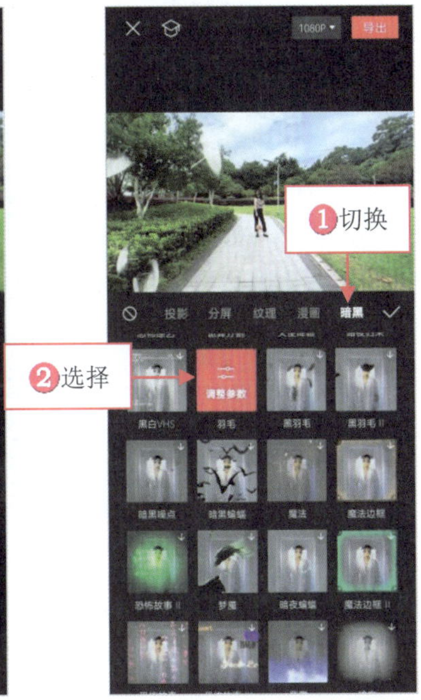

图 9-6　选择“羽毛”特效

9.1.2　制作电影感片头

制作电影感片头

【效果展示】剪映 App 的“文字模板”素材库中有很多文字模板，通过更改模板中的文字内容就能轻松制作电影感片头，效果如图 9-7 所示。

图 9-7　效果展示

下面介绍在剪映 App 中制作电影感片头的操作方法。

Step 01 在剪映中导入一段视频素材，依次点击“特效”按钮和“画面特效”按钮，如图 9-8 所示。

Step 02 在“基础”选项卡中，选择“开幕”特效，如图 9-9 所示。

图 9-8　点击“画面特效”按钮

图 9-9　选择“开幕”特效

Step 03 执行操作后，返回一级工具栏中，依次点击“文字”按钮和“文字模板”按钮，如图 9-10 所示。

Step 04 进入“文字模板”选项卡中，在“热门”选项区中选择一个合适的模板，如图 9-11 所示。

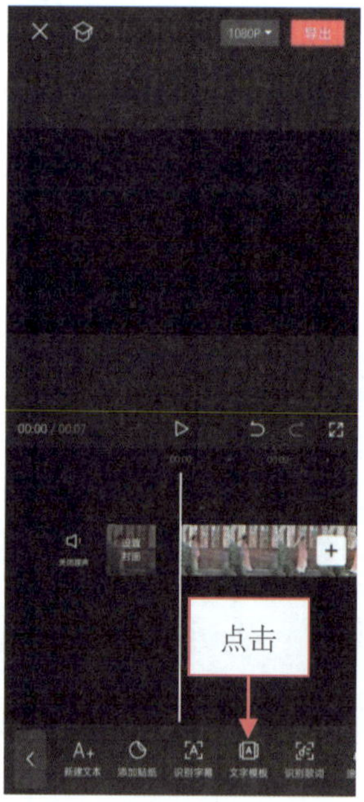

图 9-10　点击“文字模板”按钮

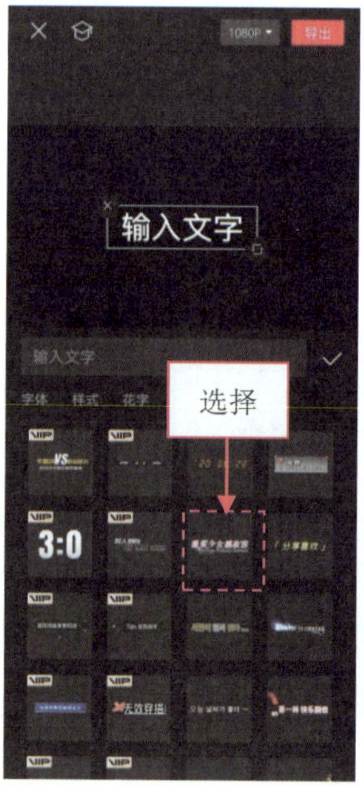

图 9-11　选择一个合适的模板

Step 05 执行操作后，点击“编辑”按钮，如图 9-12 所示。

Step 06 修改文字内容，如图 9-13 所示。

Step 07 ❶点击⇅按钮，切换文字文本；❷修改英文文字内容，如图 9-14 所示，执行操作后，调整文本的结束位置与视频的结束位置对齐。

图 9-12　点击“编辑”按钮　　图 9-13　修改文字内容　　图 9-14　修改英文文字内容

9.1.3　美颜美体处理

美颜美体处理

【效果展示】在剪映 App 中可以对视频中的人像进行美颜美体处理，比如美白皮肤和瘦身长腿操作，让人物更窈窕，效果如图 9-15 所示。

图 9-15　效果展示

下面介绍在剪映 App 中对人像进行美颜美体处理的具体操作方法。

Step 01 在剪映 App 中导入素材，❶选择视频素材；❷拖曳时间轴至 2 s ；❸点击“美颜美体”按钮，如图 9-16 所示。

Step 02 进入二级工具栏，点击“美颜”按钮，如图 9-17 所示。

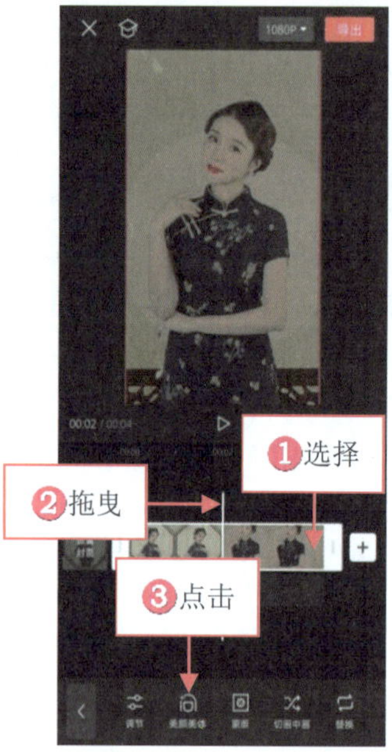

图 9-16　点击“美颜美体”按钮

图 9-17　点击“美颜”按钮

Step 03 在“美颜”选项区中，❶选择“磨皮”选项；❷设置参数为 50，让人物的皮肤变光滑，如图 9-18 所示。

Step 04 ❶选择“美白”选项；❷设置参数为 100，美白画面中人像的皮肤，如图 9-19 所示。

图 9-18　设置“磨皮”参数

图 9-19　设置“美白”参数

Step 05 点击✓按钮确认，返回上一级工具栏，点击“美体”按钮，如图 9-20 所示。

Step 06 进入“智能美体”选项区，①选择“瘦身”选项；②设置参数为 55，让画面中的人物变瘦一点，如图 9-21 所示。

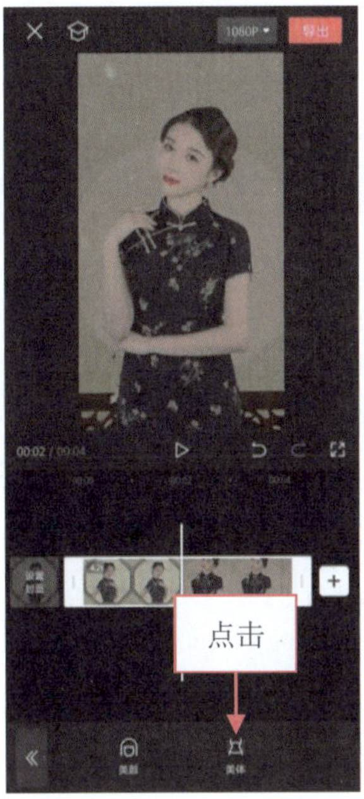

图 9-20　点击“美体”按钮

图 9-21　设置“瘦身”参数

Step 07 ①选择“长腿”选项；②设置参数为 25，微微拉长腿部，进行增高处理，如图 9-22 所示。

Step 08 ①选择“瘦腰”选项；②设置参数为 35，让人物变得苗条些，如图 9-23 所示。

图 9-22　设置“长腿”参数

图 9-23　设置“瘦腰”参数

9.1.4 音乐变速转场

音乐变速转场

【效果展示】曲线变速功能可以改变视频画面和音乐的播放速度，制作音乐变速转场的效果，使两段视频之间快速衔接，效果如图 9-24 所示。

图 9-24 效果展示

下面介绍在剪映 App 中制作音乐变速转场的具体操作方法。

Step 01 在剪映 App 中导入两段视频素材，①选择第一段素材；②点击“变速”按钮，如图 9-25 所示。

Step 02 在二级工具栏中，点击“曲线变速”按钮，如图 9-26 所示。

图 9-25 点击“变速”按钮

图 9-26 点击“曲线变速”按钮

Step 03 选择“自定”选项，并点击“点击编辑”按钮，如图 9-27 所示。

Step 04 在“自定”面板中向上拖曳最后一个变速点，设置“速度”参数为 10.0 x ，加快末尾的视频播放速度，如图 9-28 所示。

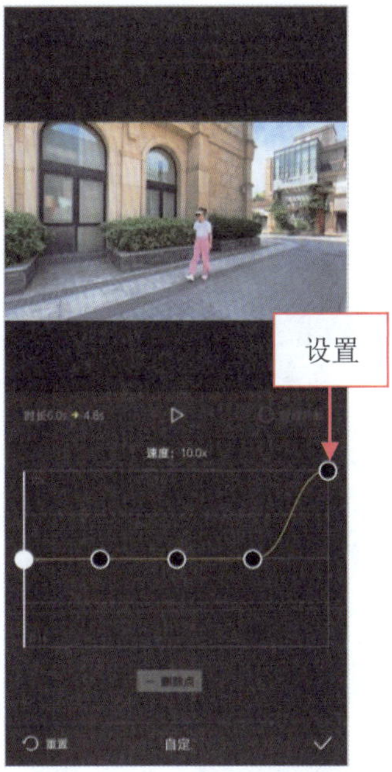

图 9-27　点击“点击编辑”按钮（1）　　图 9-28　设置“速度”参数（1）

Step 05 点击✓按钮返回，①向后拖曳时间轴至第二段视频素材的位置；②在“曲线变速”面板中，选择“自定”选项，并点击“点击编辑”按钮，如图 9-29 所示。

Step 06 在“自定”面板中向上拖曳第一个变速点，设置“速度”参数为 10.0 x ，加快起始视频画面的播放速度，如图 9-30 所示。

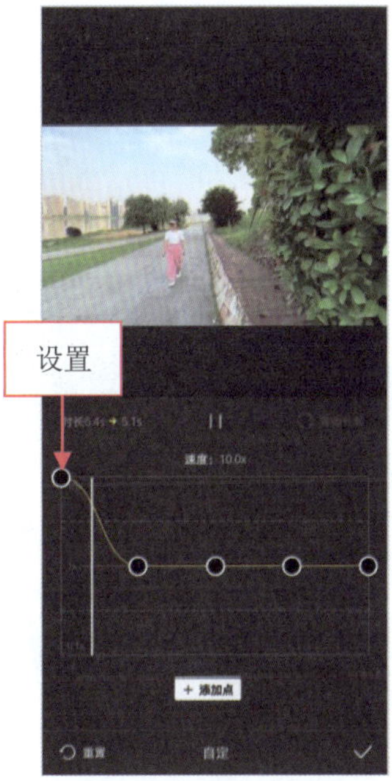

图 9-29　点击“点击编辑”按钮（2）　　图 9-30　设置“速度”参数（2）

Step 07 设置转场之后，在视频起始位置依次点击“音频”按钮和“音乐”按钮，如图 9-31 所示。

Step08 进入“添加音乐”界面，❶在搜索框中输入歌曲的名字搜索音乐；❷在搜索结果中，点击所选音乐右侧的“使用”按钮，如图 9-32 所示，添加音乐。

Step09 选择音频素材，❶在视频末尾位置点击“分割”按钮，分割音频；❷点击“删除”按钮，如图 9-33 所示，删除多余的音频。

图 9-31　点击“音乐”按钮

图 9-32　点击“使用”按钮

图 9-33　点击“删除”按钮

9.1.5　掌握抖音玩法

掌握抖音玩法

【效果展示】抖音玩法功能可以制作一些新颖、有趣的视频画面，能够帮助视频更快地获得上热门的机会，效果如图 9-34 所示。

图 9-34　效果展示

下面介绍在剪映 App 中使用抖音玩法功能的具体操作方法。

Step 01 在剪映 App 中依次导入两段一样的素材，❶选择第二段素材；❷点击“抖音玩法”按钮，如图 9-35 所示。

Step 02 在“抖音玩法”面板中选择“日漫”选项，实现变脸，如图 9-36 所示。

图 9-35　点击“抖音玩法”按钮

图 9-36　选择“日漫”选项

Step 03 稍等片刻，返回一级工具栏，在视频的起始位置点击“特效”按钮，如图 9-37 所示。

Step 04 进入二级工具栏中，点击“画面特效”按钮，如图 9-38 所示。

图 9-37　点击“特效”按钮

图 9-38　点击“画面特效”按钮（1）

Step05 ①切换至“基础”选项卡；②选择“变清晰”特效，如图 9-39 所示。

Step06 点击✓按钮返回，调整第一段素材的时长为 1.5 s，如图 9-40 所示。

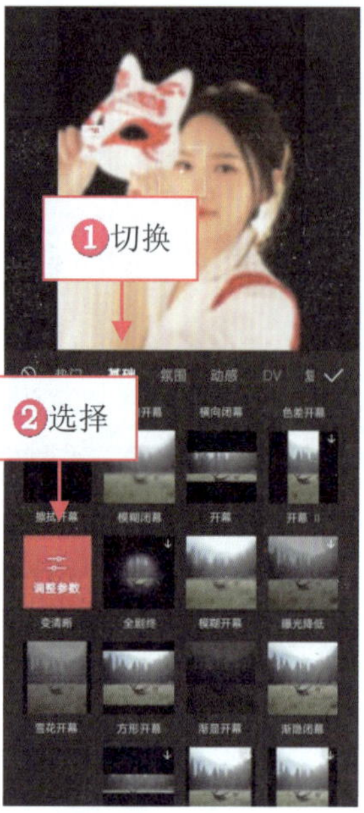

图 9-39　选择“变清晰”特效

图 9-40　调整第一段素材的时长

Step07 返回上一级工具栏，在第一段素材的末尾位置点击“画面特效”按钮，如图 9-41 所示。

Step08 ①切换至“氛围”选项卡；②选择“春日樱花”特效，如图 9-42 所示。

Step09 执行操作后，为视频添加合适的背景音乐，效果如图 9-43 所示。

图 9-41　点击“画面特效”按钮（2）

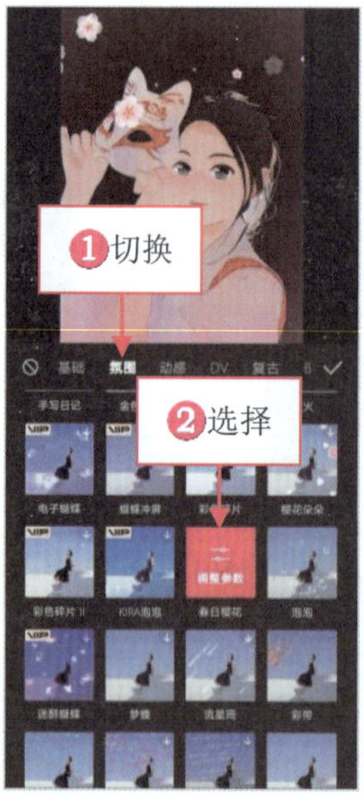

图 9-42　选择“春日樱花”特效

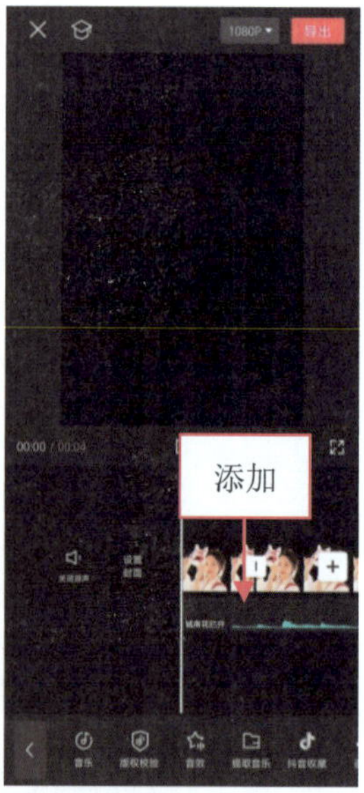

图 9-43　添加背景音乐

9.2　使用抠图、抠像等创新视频

剪映 App 中的抠图、抠像等功能可以制作出切换场景、更换背景的视频效果，这些视频效果可以打破人们的常规思维，创新视频画面，从而给观众别具一格的视觉体验。本节将介绍一些使用抠图、抠像等创新视频的方法，为读者制作创意视频提供思路。

9.2.1　色度抠图切换场景

色度抠图切换场景

【效果展示】在剪映 App 中运用“色度抠图”功能可以让画面从手机中切换出来，制作出“穿越手机”的效果，给人身临其境之感，效果如图 9-44 所示。

图 9-44　效果展示

下面介绍在剪映 App 中运用“色度抠图”功能切换场景的操作方法。

Step 01 在剪映 App 中导入一段视频，点击“画中画”按钮，如图 9-45 所示。

Step 02 点击“新增画中画”按钮，进入“照片视频”界面，❶添加相应的绿幕素材；❷将素材放大至全屏，如图 9-46 所示。

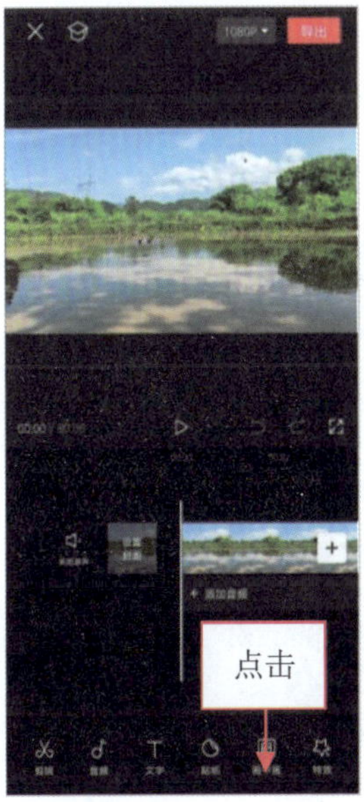

图 9-45　点击“画中画”按钮

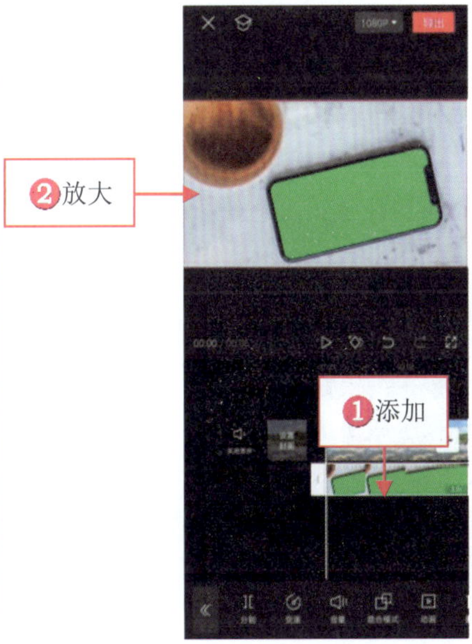

图 9-46　将素材放大至全屏

Step03 执行操作后，点击“色度抠图”按钮，如图 9-47 所示。

Step04 进入“色度抠图”界面，拖曳取色器，如图 9-48 所示，取样画面中的绿色。

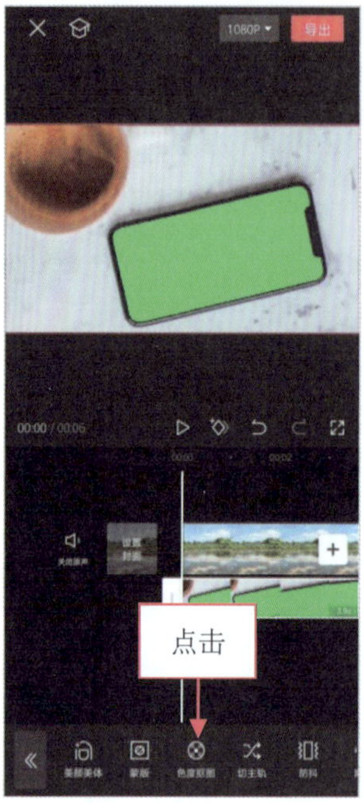

图 9-47　点击“色度抠图”按钮

图 9-48　拖曳取色器

Step05 在“色度抠图”界面中，选择“强度”选项，将其参数值设置为最大值，如图 9-49 所示。

Step06 选择“阴影”选项，将其参数值设置为最大值，如图 9-50 所示，将绿幕抠除，显示风景。

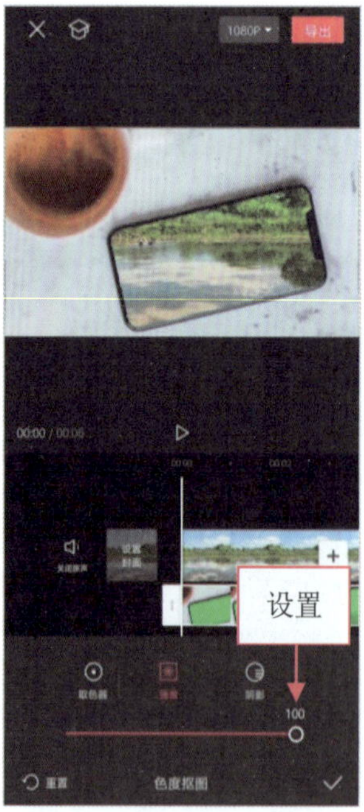

图 9-49　设置“强度”参数

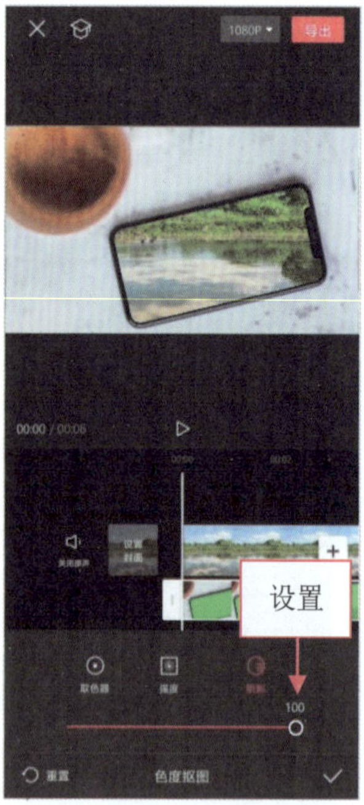

图 9-50　设置“阴影”参数

9.2.2　智能抠像更换背景

智能抠像更换背

【效果展示】智能抠像功能可以把视频中的人像抠除出来，只需要更改视频背景，就可以实现人物随意穿梭世界各地的效果，如图 9-51 所示。

图 9-51　效果展示

下面介绍在剪映 App 中使用智能抠像更换背景的具体操作方法。

Step 01 在剪映 App 中导入背景素材，依次点击“画中画”按钮和“新增画中画”按钮，如图 9-52 所示。

Step 02 进入手机相应界面，在“视频”选项卡中选择人像视频素材；❶调整人像视频的画面大小，使其覆盖背景素材；❷调整背景素材的时长，使其对齐人像视频的时长，如图 9-53 所示。

图 9-52　点击“新增画中画”按钮

图 9-53　调整背景素材的时长

Step 03 ❶选择画中画轨道中的人像视频素材；❷依次点击“抠像”按钮和“智能抠像”按钮，如图 9-54 所示，自动抠出人像。

Step 04 ❶选择背景素材；❷在视频起始位置点击关键帧◇按钮，如图 9-55 所示，添加关键帧。

Step 05 ❶拖曳时间轴至视频的末尾位置；❷调整背景素材的画面大小，微微放大素材，并向下拖曳，这样就可以实现背景放大的效果，在视频轨道上会自动添加关键帧，如图 9-56 所示。

图 9-54　点击“智能抠像”按钮

图 9-55　点击相应按钮

图 9-56　调整背景素材的画面大小

9.2.3　蒙版功能制作分身

蒙版功能制作分

【效果展示】通过蒙版功能可以让两个视频中的人像同时出现在一个场景中，制作出人物分身的效果，如图 9-57 所示。

图 9-57　效果展示

下面介绍在剪映 App 中使用蒙版功能制作分身的具体操作方法。

Step 01 导入第一段视频，在视频的起始位置点击 + 按钮，如图 9-58 所示。

Step 02 ❶选择第二段视频；❷选中“高清”复选框；❸点击“添加”按钮，如图 9-59 所示。

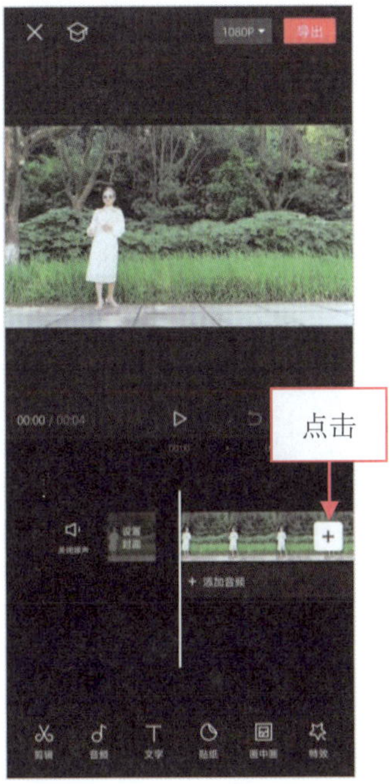

图 9-58　点击相应按钮

图 9-59　点击“添加”按钮

Step 03 ①选择第一段视频；②点击“切画中画”按钮，如图 9-60 所示。

Step 04 把素材切换至画中画轨道中，点击“蒙版”按钮，如图 9-61 所示。

Step 05 ①选择“线性”蒙版；②调整蒙版线的角度和位置，让视频合二为一，实现分身效果；③拖曳《按钮调整羽化程度，让视频之间的过渡更自然，如图 9-62 所示。

图 9-60　点击“切画中画”按钮

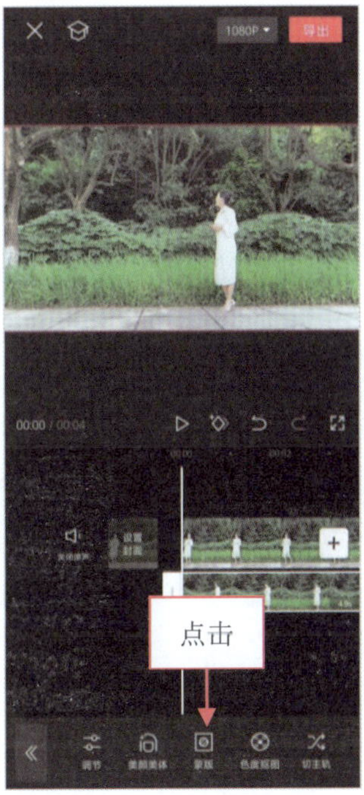

图 9-61　点击“蒙版”按钮

图 9-62　调整羽化程度

9.2.4 制作创意入场效果

制作创意入场效果

【效果展示】在人物出场的时候，添加入场动画效果，可以增加视频动感，并让人物出场的方式变得趣味十足，效果如图 9-63 所示。

图 9-63 效果展示

下面介绍在剪映 App 中制作创意入场效果的具体操作方法。

Step 01 在剪映 App 中导入第一段素材，设置时长为 0.5 s，如图 9-64 所示。

Step 02 点击[+]按钮，在“视频”选项区中添加第二段素材，如图 9-65 所示。

图 9-64 设置素材时长

图 9-65 添加第二段素材

Step 03 ❶选择第二段素材；❷在第二段素材起始位置点击“定格”按钮，如图 9-66 所示。

Step 04 生成定格片段之后，点击“切画中画”按钮，如图 9-67 所示，把定格片段切换至画中画轨道中。

图 9-66　点击“定格”按钮

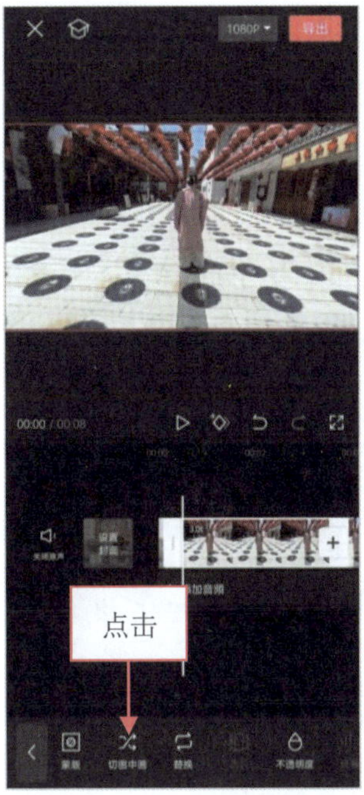

图 9-67　点击“切画中画”按钮

Step 05 设置定格片段的时长为 0.5 s，如图 9-68 所示。

Step 06 执行操作后，依次点击“动画”按钮和“入场动画”按钮，如图 9-69 所示。

图 9-68　设置定格片段的时长

图 9-69　点击“入场动画”按钮

Step 07 选择“向左下甩入”动画，如图 9-70 所示。

Step 08 返回上一级工具栏，点击“抠像”按钮，如图 9-71 所示。

图 9-70 选择“向左下甩入”动画

图 9-71 点击“抠像”按钮

Step 09 执行操作后，点击“智能抠像”按钮，如图 9-72 所示，抠出人像。

Step 10 返回一级工具栏，在第二段素材的起始位置依次点击“特效”按钮和“画面特效”按钮，如图 9-73 所示。

Step 11 ❶切换至“氛围”选项卡；❷选择“星火II”特效，如图 9-74 所示。

图 9-72 点击“智能抠像”按钮

图 9-73 点击“画面特效”按钮

图 9-74 选择“星火II”特效

9.2.5　合成文字消散效果

合成文字消散效果

【效果展示】在剪映 App 中通过添加消散粒子素材，就能合成文字消散的效果，让文字随风消散，画面十分唯美，效果如图 9-75 所示。

图 9-75　效果展示

下面介绍在剪映 App 中合成文字消散效果的操作方法。

Step 01 ①在剪映中导入一个视频素材；②依次点击“文字”按钮和“新建文本”按钮，如图 9-76 所示。

Step 02 进入文字编辑界面，①输入文字内容；②选择字体；③调整文字的大小和位置，如图 9-77 所示。

图 9-76　点击“新建文本”按钮

图 9-77　调整文字的大小和位置

Step 03 切换至“动画”选项卡，在“入场”选项区中选择“渐显”动画，设置入场动画的时长为 1.5 s；在“出场”选项区中选择“溶解”动画，设置出场动画的时长为 1.5 s，效果如图 9-78 所示。

Step 04 点击✓按钮返回，即可添加一个文本，如图 9-79 所示。

图 9-78　添加并设置动画效果

图 9-79　添加一个文本

Step 05 返回一级工具栏，①拖曳时间轴至相应位置；②依次点击“画中画”按钮和“新增画中画”按钮，如图 9-80 所示，从手机相册的“视频”选项区中选择并添加一个粒子素材。

Step 06 点击“混合模式”按钮，如图 9-81 所示。

Step 07 执行操作后，①选择“滤色”选项；②在预览区域中，调整粒子素材的位置和大小，如图 9-82 所示。

图 9-80　点击“新增画中画”按钮

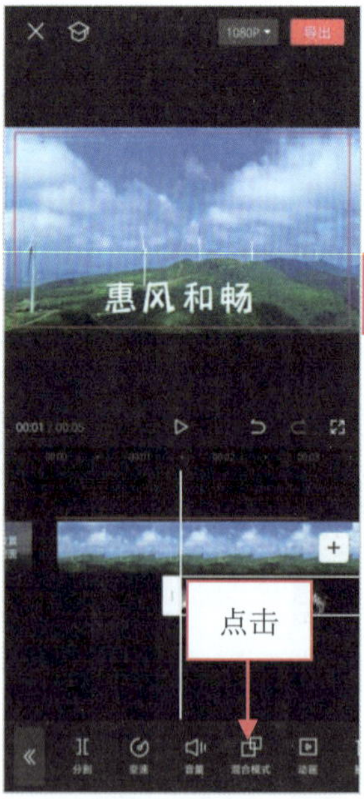

图 9-81　点击“混合模式”按钮

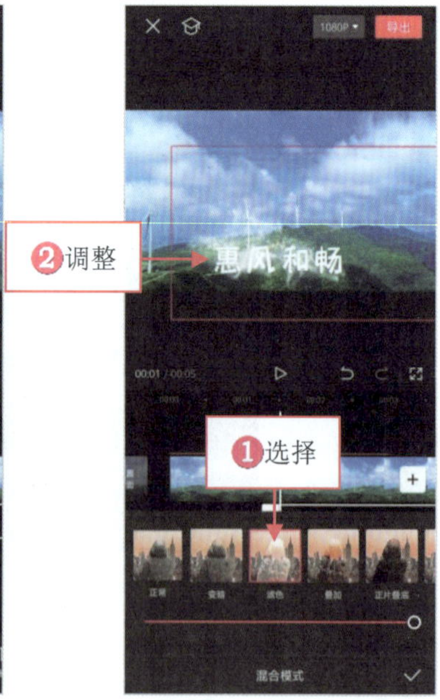

图 9-82　调整粒子素材的位置和大小

本章小结

本章主要介绍了视频后期使用剪映 App 进行剪辑的方法，包括添加动画、特效等美化视频和使用抠图、抠像等功能创新视频的操作方法。希望通过对本章的学习，读者能够学习和掌握剪映 App 的基础操作。

课后习题

课后习题

鉴于本章知识的重要性，为了帮助读者更好地掌握所学知识，本节将通过课后习题，帮助读者进行简单的知识回顾和补充。

本习题需要读者巩固使用剪映 App 中制作电影感片头的操作方法，效果展示如图 9-83 所示。

图 9-83　效果展示

第 10 章
综合实战——《漫步湘江》

掌握运镜拍摄技巧与剪辑技巧的秘诀在于多实践，且是需要将这两大类技巧综合起来用于短视频的创作中，才能有更多机会创作出优质的短视频。本章将以《漫步湘江》这个视频为例，为读者提供运镜拍摄技巧与剪辑技巧综合实战的参考。

本章重点

- 巩固策划分镜头脚本
- 巩固运镜拍摄的方法
- 巩固基础的剪辑技巧

10.1　策划《漫步湘江》视频的分镜头脚本

分镜头脚本是拍摄者拍摄视频的主要依据，能够提前统筹安排好视频拍摄过程中的所有事项。因此提前策划好脚本，能让拍摄过程更加顺利。表 10-1 为《漫步湘江》视频的分镜头脚本。

表 10-1　《漫步湘江》视频的分镜头脚本

镜号	景别	画面	运镜	时长
1	中景	人物站立看风景	上升后拉镜头	6 s
2	全景	人物背对镜头直线向前行走	下降跟随镜头	6 s
3	中近景	人物直线向前行走	背面跟拍＋摇摄＋正面跟拍镜头	11 s
4	中近景	人物从右往左行走观赏风景	仰拍侧面跟随镜头	8 s
5	全景	人物倚靠在围栏上看前面的风景	旋转回正后拉镜头	7 s
6	中近景	人物向前行走观赏风景	低角度上升跟随镜头	8 s
7	全景	江边的风景	左摇镜头	8 s
8	中近景	人物站立观赏风景	下降环绕镜头	7 s
9	全景	人物向前走近观赏江边的风景	跟摇环绕镜头	10 s
10	全景	人物在湘江边漫步	跟随上升镜头	19 s

《漫步湘江》这个视频的拍摄地点为长沙市的湖南金融中心广场，该广场是观赏湘江风景较好的场所之一。因为视频主题带有悠闲之感，所以拍摄时最好选择晴朗且多云的天气外出拍摄，拍摄出带有蓝天白云的画面。若是拍摄者想要背景相对简洁，除了主动选择简洁的背景之外，还可以挑一个工作日进行拍摄，避免人流量过多影响拍摄。

在实际的拍摄过程中，可能出现收工后发现遗漏镜头，或者现场找不到合适的机位等突发状况，需要我们随机应变。因为提前写好的分镜头脚本，只是一个计划书，如果没有拍出想要的镜头，也可以用其他的镜头代替，毕竟遇到好看的风景，或者临时产生的灵感，都可以拍出精美的画面。所以，除了脚本以内的镜头，拍摄者也可以多拍摄一些额外镜头作为替补素材，以作备用。

10.2　拍摄《漫步湘江》视频的分镜头片段

《漫步湘江》这个视频由 10 个分镜头视频构成，这些分镜头多数是在前面章节学习过的，一些没有学习过的镜头也可以仿照所学的拍摄技巧和思路进行拍摄。本节将介绍《漫步湘江》视频的分镜头拍摄技巧，方便读者巩固运镜技巧。

10.2.1　上升后拉镜头

上升后拉镜头是人物站立不动看前方的风景，镜头在人物的背面低角度

上升后拉镜头

上升并后拉拍摄人物看风景的画面。这个镜头作为视频的开场镜头，可以让观众对人物和人物所处的环境有大致的了解。

【效果展示】下面将介绍上升后拉镜头的拍摄方法，画面如图 10-1 所示。教学视频画面如图 10-2 所示。

图 10-1　上升后拉镜头画面

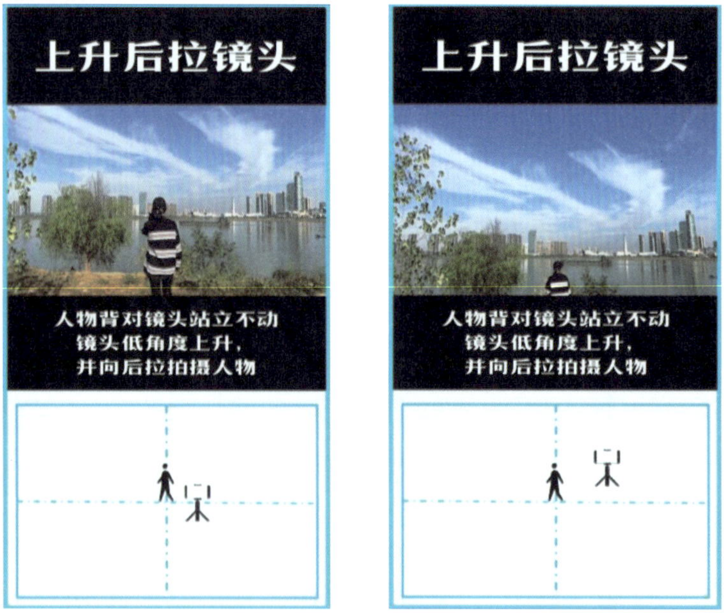

图 10-2　教学视频画面

【运镜实战】下面对上升后拉镜头的拍摄步骤进行详细介绍。

Step 01 人物站立不动看向前方的风景，镜头在人物背面低角度拍摄人物，如图 10-3 所示。

图 10-3 镜头在人物背面低角度拍摄人物

Step02 人物保持看风景的状态，镜头慢慢上升并微微向后拉，如图 10-4 所示。

图 10-4 镜头慢慢上升并微微向后拉

Step03 镜头继续上升并后拉，如图 10-5 所示，展现更多人物所看的风景。

图 10-5 镜头继续上升并后拉

Step04 镜头继续上升并后拉到一定时间后，结束拍摄，如图 10-6 所示。

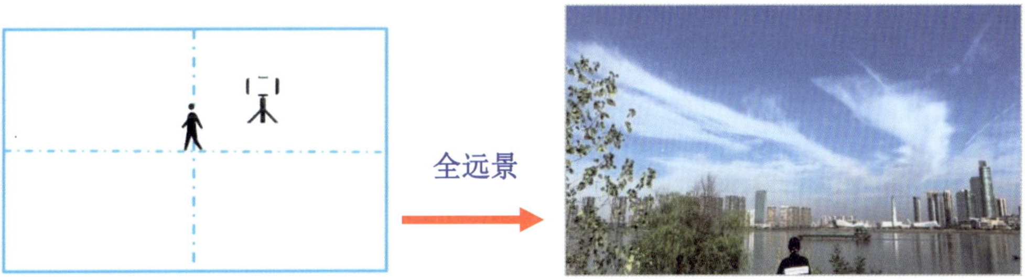

图 10-6 镜头结束拍摄

10.2.2 下降跟随镜头

下降跟随镜头是人物向前行走时，镜头从高处下降并跟随拍摄人物。这

下降跟随镜头

个镜头可以展现人物的运动状态，而且可以与上一个上升后拉镜头相连接，从而使视频画面转场更加顺畅。

【效果展示】下面将介绍下降跟随镜头的拍摄方法，画面如图 10-7 所示。教学视频画面如图 10-8 所示。

图 10-7　下降跟随镜头画面

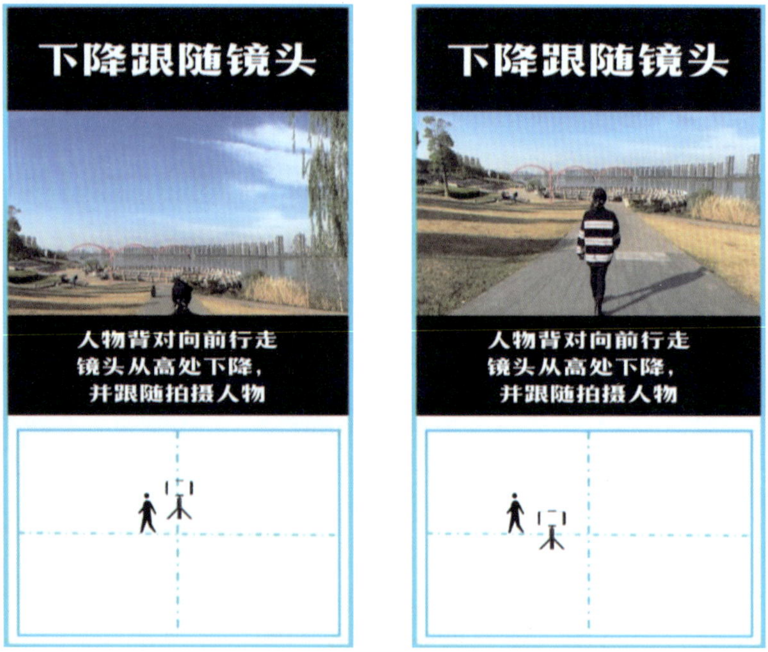

图 10-8　教学视频画面

【运镜实战】下面对下降跟随镜头的拍摄步骤进行详细介绍。

Step 01　人物背对镜头向前行走，镜头先拍摄人物头顶上方的风景，如图 10-9 所示。

图 10-9　镜头先拍摄人物头顶上方的风景

Step 02 人物继续前行，镜头慢慢下降跟拍人物，如图 10-10 所示。

图 10-10　镜头慢慢下降跟拍人物

Step 03 人物保持前行，镜头继续下降跟拍人物，如图 10-11 所示。

图 10-11　镜头继续下降跟拍人物

Step 04 镜头下降并跟随拍摄人物一段时间，如图 10-12 所示。

图 10-12　镜头下降并跟随拍摄人物一段时间

10.2.3 背面跟拍＋摇摄＋正面跟拍镜头

背面跟拍＋摇摄＋正面跟拍镜头

背面跟拍＋摇摄＋正面跟拍镜头是人物前行时，镜头先在人物背面跟拍，然后摇摄至人物正面继续跟拍。这个镜头可以用于揭示人物的正式出场，因为这个镜头能够拍摄到人物的正面，满足观众对人物的好奇心。

【效果展示】下面介绍背面跟拍＋摇摄＋正面跟拍镜头的拍摄方法，画面如图 10-13 所示。教学视频画面如图 10-14 所示。

图 10-13　背面跟拍＋摇摄＋正面跟拍镜头画面

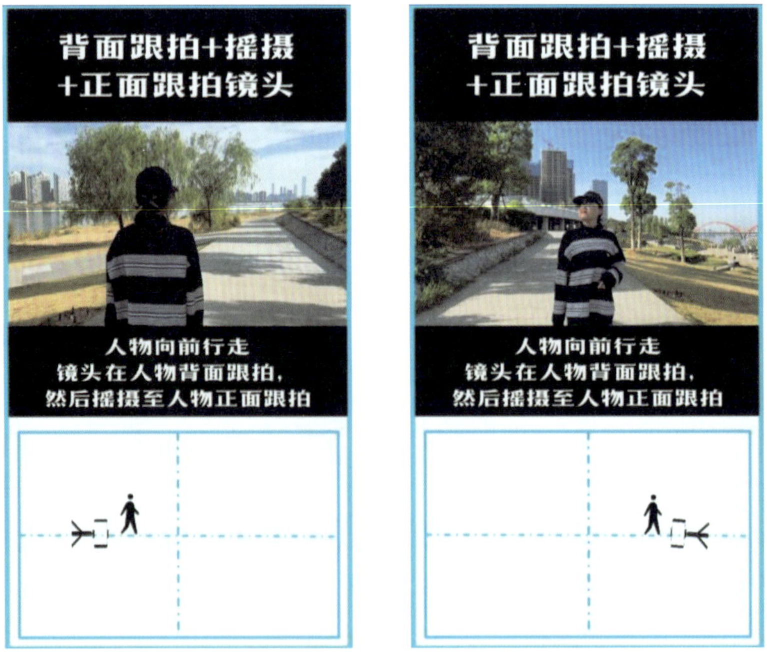

图 10-14　教学视频画面

【运镜实战】下面对背面跟拍＋摇摄＋正面跟拍镜头的拍摄步骤进行详细介绍。

Step 01 人物背对镜头向前行走，镜头在人物背面跟拍，如图 10-15 所示。

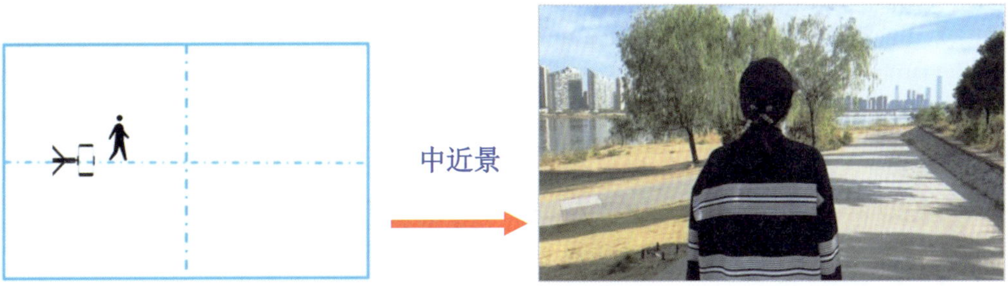

图 10-15　镜头在人物背面跟拍

Step 02 人物继续前行，镜头在跟拍的过程中摇摄至人物的侧面，如图 10-16 所示。

图 10-16　镜头摇摄至人物的侧面

Step 03 人物保持前行，镜头继续摇摄至人物的正面，如图 10-17 所示，揭开人物神秘的“面纱”。

图 10-17　镜头继续摇摄至人物的正面

Step 04 镜头在人物正面跟随人物一段时间，如图 10-18 所示。

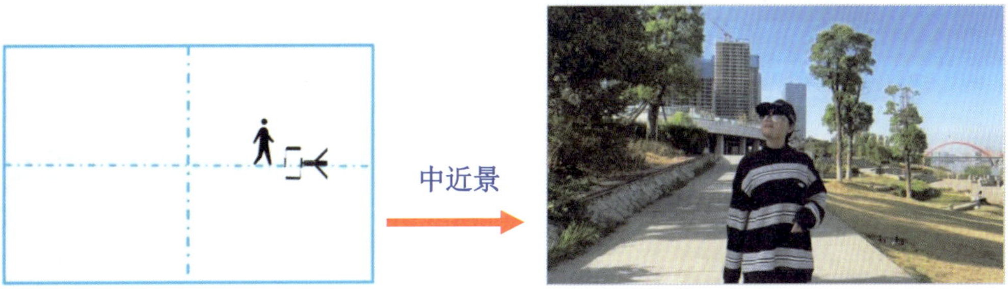

图 10-18　镜头在人物正面跟随人物一定时间

10.2.4 仰拍侧面跟随镜头

仰拍侧面跟随镜头

仰拍侧面跟随镜头是人物从右往左行走，镜头在人物的侧面进行仰角度跟随拍摄。这个镜头同样是拍摄人物在湘江边漫步的画面，但由于角度不同，可以展现不一样的画面美感，使观众不容易产生审美疲劳。

【效果展示】下面将介绍仰拍侧面跟随镜头的拍摄方法，画面如图10-19所示。教学视频画面如图10-20所示。

图 10-19 仰拍侧面跟随镜头画面

图 10-20 教学视频画面

【运镜实战】下面对仰拍侧面跟随镜头的拍摄步骤进行详细介绍。

Step 01 人物从右往左行走，镜头在人物的侧面仰拍跟随，如图 10-21 所示。

图 10-21　镜头在人物的侧面仰拍跟随

Step 02 人物继续行走，镜头继续侧面跟随拍摄人物，如图 10-22 所示，保持景别不变。

图 10-22　镜头继续侧面跟随拍摄人物

Step 03 镜头侧面跟随人物一段时间后结束拍摄，如图 10-23 所示。

图 10-23　镜头结束拍摄

10.2.5　旋转回正后拉镜头

旋转回正后拉镜头是人物站立不动看前方的风景，镜头先旋转拍摄前方的风景，然后慢慢回正并往后拉拍摄人物看风景的画面。这个镜头与上一个仰拍侧面跟随镜头是同一个场景，能够起到很好的衔接作用。

旋转回正后拉镜头

【效果展示】下面将介绍旋转回正后拉镜头的拍摄方法，画面如图 10-24 所示。教学视频画面如图 10-25 所示。

图 10-24　旋转回正后拉镜头画面

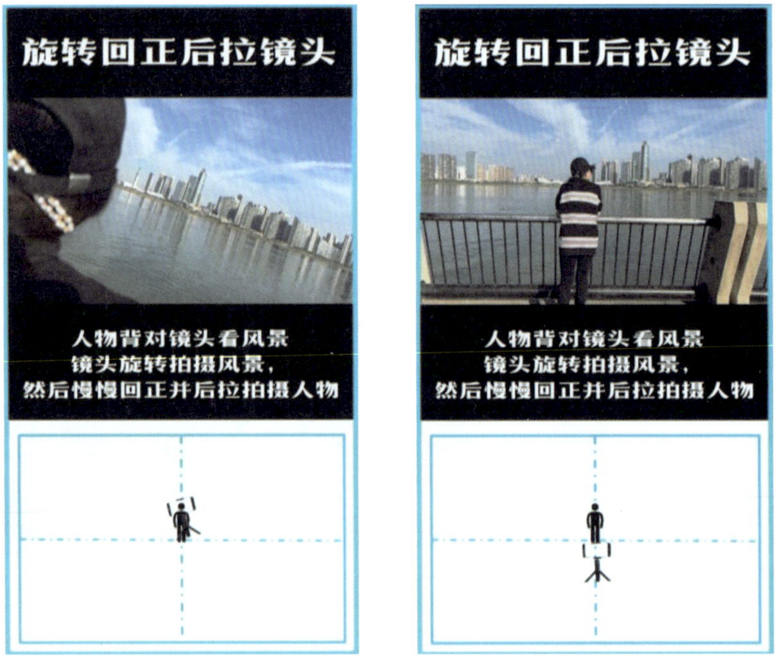

图 10-25　教学视频画面

【温馨提示】这个镜头中的旋转角度和后拉的位置没有限制，拍摄者可以根据不同的场景和画面来确定。

【运镜实战】下面对旋转回正后拉镜头的拍摄步骤进行详细介绍。

Step 01 人物倚靠在围栏上站立不动看风景，镜头在人物背面旋转拍摄前方的风景，如图 10-26 所示。

图 10-26 镜头旋转拍摄前方的风景

Step 02 人物保持动作，镜头慢慢旋转回正并后拉拍摄人物，如图 10-27 所示。

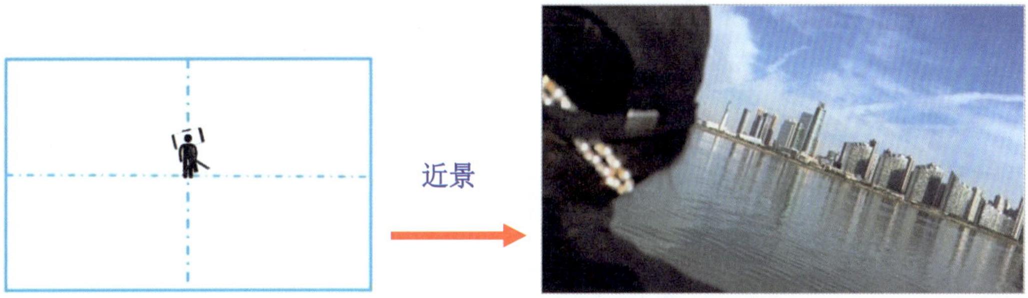

图 10-27 镜头慢慢旋转回正并后拉拍摄人物

Step 03 镜头继续旋转回正并后拉，如图 10-28 所示，人物位于画面中心。

图 10-28 镜头继续旋转回正并后拉

Step 04 镜头后拉至一定位置后结束拍摄，如图 10-29 所示。

图 10-29 镜头后拉至一定位置后结束拍摄

10.2.6 低角度上升跟随镜头

低角度上升跟随镜头

低角度上升跟随镜头是人物向前行走，镜头低角度上升拍摄人物，并在上升的过程中跟随人物前行。这个镜头换了一个场景，从拍摄人物的腿部上升并跟随至人物的上半身，可以让观众有身临其境之感，跟随人物置身于湘江的景色中。

【效果展示】下面将介绍低角度上升跟随镜头的拍摄方法，画面如图 10-30 所示。教学视频画面如图 10-31 所示。

图 10-30　低角度上升跟随镜头画面

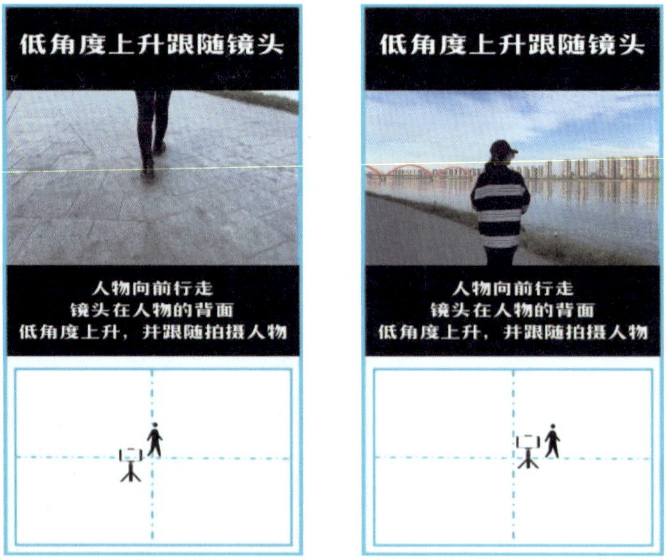

图 10-31　教学视频画面

【运镜实战】下面对低角度上升跟随镜头的拍摄步骤进行详细介绍。

Step 01 人物背对镜头向前行走，镜头低角度拍摄人物的腿部，如图 10-32 所示。

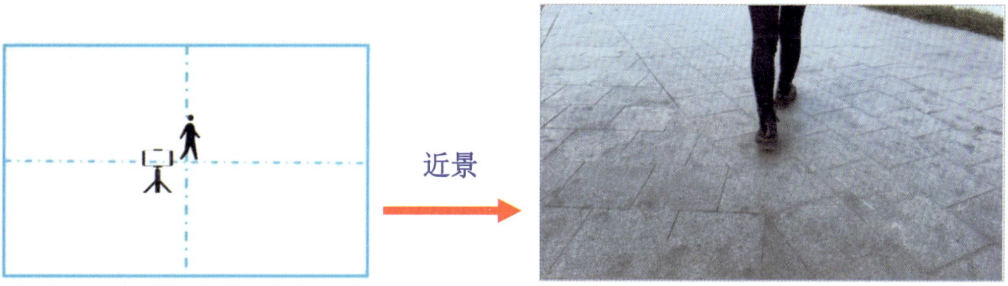

图 10-32　镜头低角度拍摄人物的腿部

Step 02 人物继续向前，镜头慢慢上升并跟随人物，如图 10-33 所示。

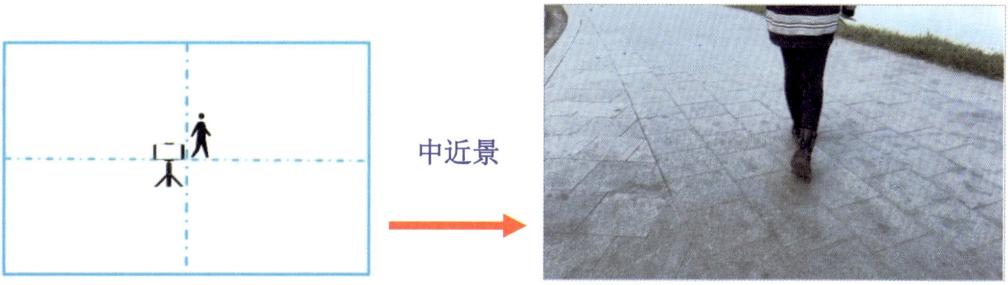

图 10-33　镜头慢慢上升并跟随人物

Step 03 人物保持前行，镜头继续上升并跟随，如图 10-34 所示。

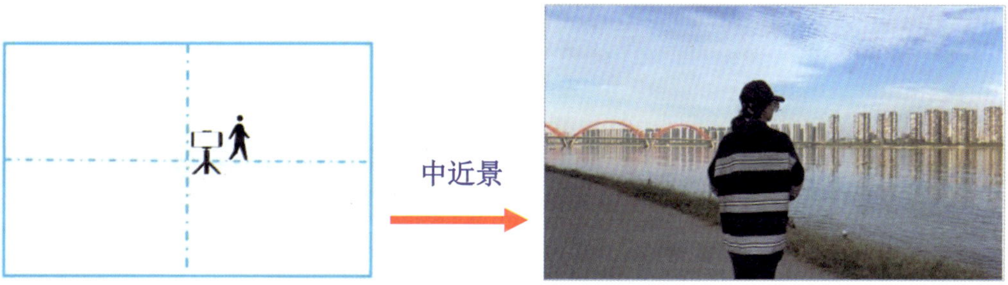

图 10-34　镜头继续上升并跟随

Step 04 人物走到一定位置后不再前行，侧身看风景；镜头继续上升并跟随拍摄人物的上半身，如图 10-35 所示。

图 10-35　画面中的人物渐渐走远

10.2.7　左摇镜头

左摇镜头是镜头从右往左微微摇摄江边景色，在视频中是一个空镜头，用于展现湘江的景色，也用于不同分镜头之间的衔接，使不同镜头之间的过渡更加自然、视频画面更加丰富。这个镜头与上一个镜头的结尾相对应，能够很好地连接画面。

左摇镜头

【效果展示】下面将介绍左摇镜头的拍摄方法，画面如图 10-36 所示。教学视频画面如图 10-37 所示。

图 10-36　左摇镜头画面

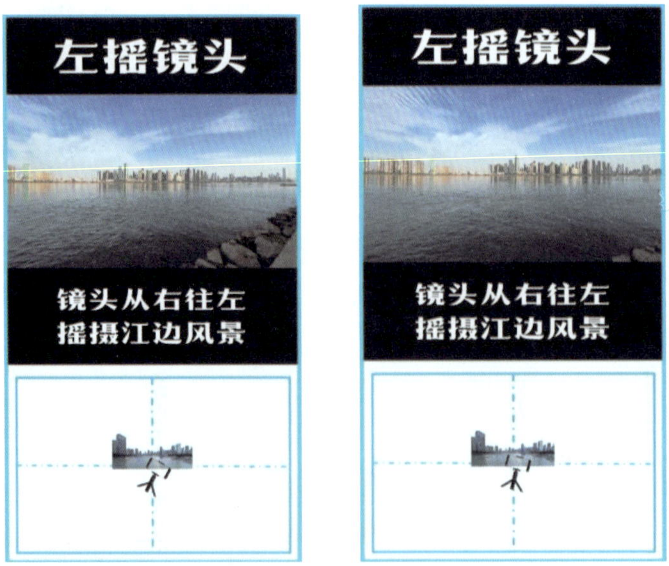

图 10-37　教学视频画面

【运镜实战】下面对左摇镜头的拍摄步骤进行详细介绍。

Step 01 选择一片有美感的江水景色。镜头先固定拍摄右侧的景色，如图 10-38 所示。

图 10-38　镜头先固定拍摄右侧的景色

Step 02 镜头从右往左摇摄，如图 10-39 所示，拍出江水静谧的画面。

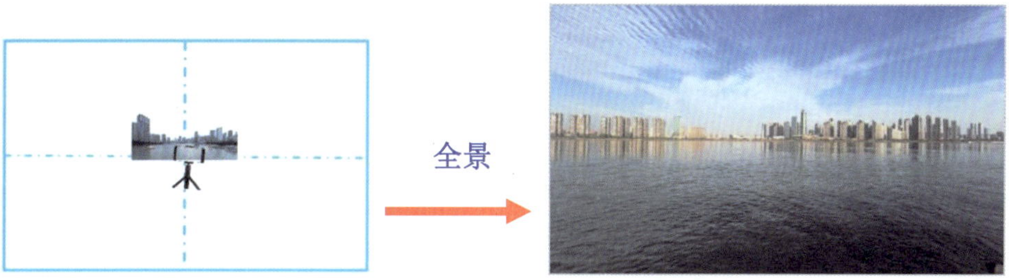

图 10-39　镜头从右往左摇摄

10.2.8　下降环绕镜头

下降环绕镜头

下降环绕镜头是人物在一个靠近江水的地方侧身站立看风景，镜头在人物的侧面从高处的风景下降至人物的上半身拍摄，然后慢慢环绕至人物的另一侧面。这个镜头能够拍摄出人物与江水景色融为一体的画面，兼具美感与舒适感。

【效果展示】下面将介绍下降环绕镜头的拍摄方法，画面如图 10-40 所示。教学视频画面如图 10-41 所示。

图 10-40　下降环绕镜头画面

图 10-41　教学视频画面

【运镜实战】下面对下降环绕镜头的拍摄步骤进行详细介绍。

Step 01 人物侧身站立看江景，镜头在人物的侧面先拍摄人物的头部和上方的风景，如图 10-42 所示。

图 10-42　镜头先拍摄人物的头部和上方的风景

Step 02 人物保持动作，镜头慢慢下降至人物腰部左右的位置，如图 10-43 所示。

图 10-43　镜头慢慢下降至人物腰部左右的位置

Step 03 人物站立不动，镜头从右往左环绕，如图 10-44 所示。

图 10-44　镜头从右往左环绕

Step 04 镜头环绕约半周至人物的另一侧面，如图 10-45 所示，展示更多不同的江边景色，拍摄出人物与景色相融合的画面。

图 10-45　镜头环绕约半周至人物的另一侧面

10.2.9　跟摇环绕镜头

跟摇环绕镜头

跟摇环绕镜头是人物向前行走，镜头在人物的反侧面跟摇拍摄，并在跟摇的过程中微微环绕至人物背面进行拍摄。这个镜头不需要拍摄者有过多的移动，只需将被摄人物的运动状态完整地呈现出来。

【效果展示】下面将介绍跟摇环绕镜头的拍摄方法，画面如图 10-46 所示。教学视频画面如图 10-47 所示。

图 10-46　跟摇环绕镜头画面

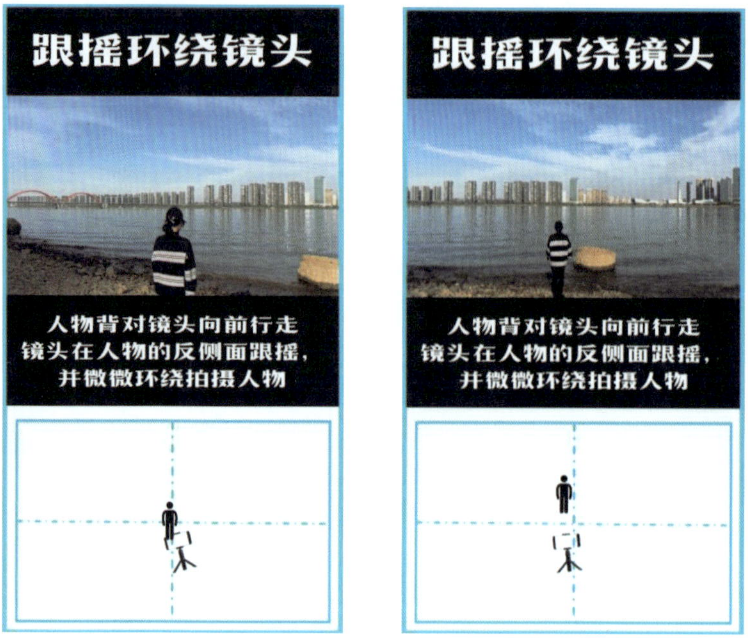

图 10-47　教学视频画面

【运镜实战】下面对跟摇环绕镜头的拍摄步骤进行详细介绍。

Step 01 人物背对镜头向前行走，镜头在人物的反侧面跟摇拍摄，如图 10-48 所示。

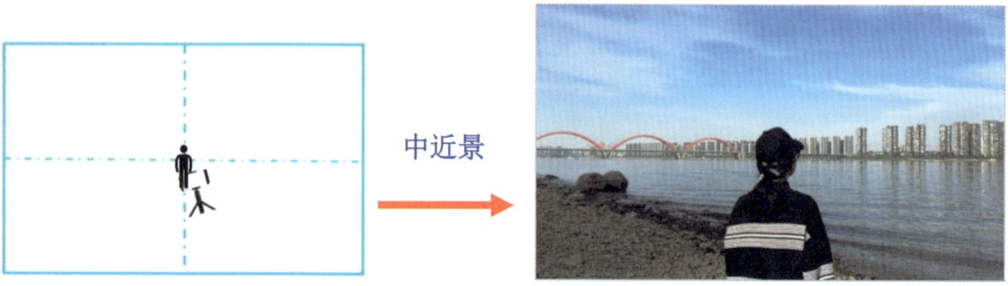

图 10-48　镜头在人物的反侧面跟摇拍摄

Step 02 人物继续前行，镜头继续跟摇并微微向左环绕拍摄，如图 10-49 所示。

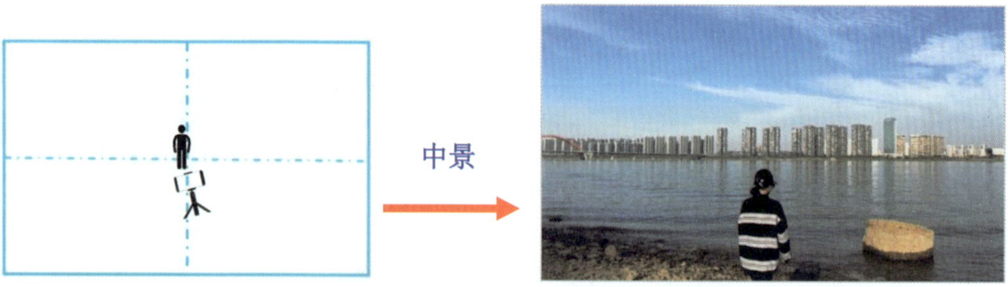

图 10-49　镜头继续跟摇并微微向左环绕拍摄

Step 03 人物保持前行，镜头继续跟摇环绕至人物的背面，如图 10-50 所示。

图 10-50　镜头保持倒退跟随

Step 04 人物走到一定位置后不再行走，镜头跟摇环绕至人物背面拍摄人物全身，如图 10-51 所示。

图 10-51　镜头跟摇环绕至人物背面拍摄人物全身

10.2.10　跟随上升镜头

跟随上升镜头

跟随上升镜头是人物在江边漫步，镜头在人物侧面跟随人物，一段时间后慢慢上升并跟随拍摄。这个镜头是整个视频的主要镜头，与在湘江边漫步的主题最为贴近，而且整体拍摄画面为全远景，镜像小用作结束镜头也很合适。

【效果展示】下面将介绍跟随上升镜头的拍摄方法，画面如图 10-52 所示。教学视频画面如图 10-53 所示。

图 10-52　跟随上升镜头画面

图 10-53　教学视频画面

【运镜实战】下面对跟随上升镜头的拍摄步骤进行详细介绍。

Step 01 人物在湘江边上从左往右行走，镜头在人物的侧面跟随拍摄，如图 10-54 所示。拍摄这个镜头时，拍摄者站在离人物有一段距离的高处通过放大焦距来跟随拍摄人物。

图 10-54　镜头在人物的侧面跟随拍摄

Step 02 人物继续行走，镜头继续跟随拍摄人物，如图 10-55 所示。画面中呈现人物悠闲地漫步。

图 10-55　镜头继续跟随拍摄人物

Step 03 镜头跟随人物一段时间后，微微上升并继续跟随，如图 10-56 所示。

图 10-56 镜头微微上升并继续跟随

Step 04 镜头上升跟随拍摄到人物向后看便不再拍摄，如图 10-57 所示，暗示视频即将结束，人物表示依依不舍。

图 10-57 镜头结束拍摄

10.3 剪辑《漫步湘江》视频的各个分镜头

拍摄好的视频素材导入剪映 App 中进行添加音乐、调色、添加片头片尾以及特效等处理，能够使画面更加精美，从而吸引更多人关注。本节将介绍剪辑《漫步湘江》视频的各个分镜头的方法，帮助读者巩固剪辑视频的相关操作。《漫步湘江》视频的效果展示如图 10-58 所示。

图 10-58 《漫步湘江》视频的效果展示

10.3.1 添加音乐

为《漫步湘江》视频选择剪映 App 音乐素材库中自带的音乐，配合视频画面，能够增加视频的观赏度与美感。

下面介绍为《漫步湘江》视频添加音乐的具体操作方法。

添加音乐

Step 01 在剪映 App 中新建一个草稿文件，❶按照顺序选择相应的视频素材；❷选中“高清”复选框，并点击“添加”按钮，如图 10-59 所示，导入视频素材。

Step 02 进入一级工具栏，❶点击“关闭原声”按钮，将视频的原声关闭；❷依次点击“音频”按钮和“音乐”按钮，如图 10-60 所示。

Step 03 进入“添加音乐”界面，选择“旅行”选项卡，如图 10-61 所示。

图 10-59 点击“添加”按钮

图 10-60 点击“音乐”按钮

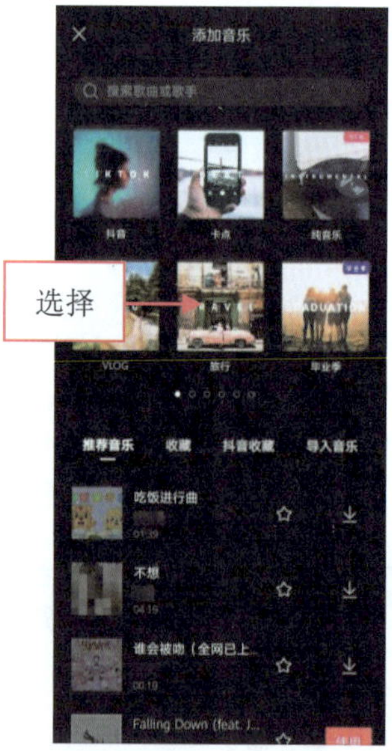

图 10-61 选择“旅行”选项卡

Step 04 点击所选音乐右侧的“使用”按钮，如图 10-62 所示，即可添加音乐。

Step 05 选择音频素材，在视频的末尾位置点击“分割”按钮，如图 10-63 所示，分割音频素材。

Step 06 默认选择分割后的第二段音频素材，点击“删除”按钮，如图 10-64 所示，删除多余的音频。

图 10-62　点击“使用”按钮

图 10-63　点击“分割”按钮

图 10-64　点击“删除”按钮

Step 07 ❶选择音频素材；❷点击“淡化”按钮，如图 10-65 所示。

Step 08 拖曳白色圆环滑块，设置“淡出时长”的参数为 5 s，如图 10-66 所示，让音乐配合视频画面结束。

图 10-65　点击“淡化”按钮

图 10-66　设置“淡出时长”的参数

10.3.2 为视频调色

为视频调色

为《漫步湘江》视频选择“晴空”滤镜，可以使视频中的蓝天、白云的饱和度更加鲜明，从而让观众看起来更加舒适。

下面介绍为《漫步湘江》视频调色的具体操作方法。

Step 01 返回一级工具栏中，在视频的起始位置点击“滤镜”按钮，如图 10-67 所示。

Step 02 ①切换至“风景”选项区；②选择“晴空”滤镜；③设置参数为 100，给视频添加滤镜，让画面色彩更艳丽，如图 10-68 所示。

Step 03 点击✓按钮确认，即可为视频添加滤镜，并调整滤镜的时长与视频齐长，如图 10-69 所示。

图 10-67 点击“滤镜”按钮

图 10-68 设置“滤镜”参数

图 10-69 调整滤镜的时长

10.3.3 添加片头片尾

添加片头片尾

为《漫步湘江》视频添加片头片尾，可以突出视频的主题，使观众明确视频的内容；还可以丰富视频画面，从而增加视频的观赏度。

下面介绍为《漫步湘江》视频添加片头片尾的具体操作方法。

Step 01 返回一级工具栏，在视频的起始位置点击“文字”按钮，如图 10-70 所示。

Step 02 进入二级工具栏，点击“文字模板”按钮，如图 10-71 所示。

Step 03 在“旅行”选项区中，选择一个合适的文字模板，如图 10-72 所示。

Step 04 点击“编辑”按钮，修改文字内容，如图 10-73 所示。文字模板中所有文字都需要修改。

Step 05 点击✓按钮确认，即可添加一个片头文字，并调整片头的时长与第一个视频素材的时长相一致，如图 10-74 所示。

Step 06 返回上一级工具栏，❶拖曳时间轴至 01:30 的位置；❷点击“文字模板”按钮，如图 10-75 所示。

图 10-70　点击“文字”按钮

图 10-71　点击“文字模板”按钮（1）

图 10-72　选择合适的文字模板（1）

图 10-73　修改文字内容（1）

图 10-74　调整片头的时长

图 10-75　点击“文字模板”按钮（2）

Step 07 在“简约”选项区中，选择一个合适的文字模板，如图 10-76 所示。

Step 08 点击“编辑”按钮，修改文字内容，如图 10-77 所示。点击✓按钮确认，即可添加一个视频片尾，调整片尾的结束位置与视频的结束位置齐长。

图 10-76　选择合适的文字模板（2）

图 10-77　修改文字内容（2）

本 章 小 结

本章以《漫步湘江》视频为例带领读者巩固了前面章节学习过的运镜拍摄和剪辑视频的知识，虽然有几个镜头是前面章节没有直接学习过的，但是这些镜头是由基础的镜头构成或引申而来的，拍摄方法和拍摄思路并无太大差别。希望通过本章的学习，读者能在课后能学以致用、举一反三。

课 后 习 题

课后习题

鉴于本章知识的重要性，为了帮助读者更好地掌握所学知识，本节将通过课后习题，帮助读者进行简单的知识回顾和补充。

本习题需要读者按照运镜拍摄方法尝试拍摄环绕推镜头，效果展示如图 10-84 所示。

图 10-84　环绕推镜头画面